国家科学思想库

中国
科学家思想录

第十一辑

中国科学院

科学出版社

北　京

图书在版编目(CIP)数据

中国科学家思想录·第十一辑 / 中国科学院编. —北京：科学出版社，2017.4

ISBN 978-7-03-052318-1

Ⅰ. ①中… Ⅱ. ①中… Ⅲ. ①自然科学—学术思想—研究—中国 Ⅳ. ①N12

中国版本图书馆 CIP 数据核字（2017）第052345号

丛书策划：胡升华　侯俊琳
责任编辑：侯俊琳　牛　玲　张翠霞 / 责任校对：何艳萍
责任印制：徐晓晨 / 封面设计：黄华斌　陈　敬
编辑部电话：010-64035853
E-mail: houjunlin@mail. sciencep.com

科 学 出 版 社 出版
北京东黄城根北街16号
邮政编码：100717
http://www.sciencep.com

北京虎彩文化传播有限公司 印刷
科学出版社发行　各地新华书店经销
*
2017 年 4 月第　一　版　开本：720×1000 1/16
2017 年 1 月第三次印刷　印张：14
字数：290 000
定价：78.00元
（如有印装质量问题，我社负责调换）

丛　书　序

白春礼

中国科学院作为国家科学思想库,长期以来,组织广大院士开展战略研究和决策咨询,完成了一系列咨询报告和院士建议。这些报告和建议从科学家的视角,以科学严谨的方法,讨论了我国科学技术的发展方向、与国家经济社会发展相关联的重大科技问题和政策,以及若干社会公众广为关注的问题,为国家宏观决策提供了重要的科学依据和政策建议,受到党中央和国务院的高度重视。本套丛书按年度汇编1998年以来中国科学院学部完成的咨询报告和院士建议,旨在将这些思想成果服务于社会,科学地引导公众。

当今世界正在发生大变革、大调整,新科技革命的曙光已经显现,我国经济社会发展也正处在重要的转型期,转变经济发展方式、实现科学发展越来越需要我国科技加快从跟踪为主向创新跨越转变。在这样一个关键时期,出思想尤为重要。中国科学院作为国家科学思想库,必须依靠自己的智慧和科学的思考,在把握我国科学的发展方向、选择战略性新兴产业的关键核心技术、突破资源瓶颈和生态环境约束、破解社会转型时期复杂社会矛盾、建立与世界更加和谐的关系等方面发挥更大作用。

思想解放是人类社会大变革的前奏。近代以来,文艺复兴和思想启蒙运动极大地解放了思想,引发了科学革命和工业革命,开启了人类现代化进程。我国改革开放的伟大实践,源于关于真理标准的大讨论,这一讨论确立了我党解放思想、实事求是的思想路线,极大地激发了中国人民的聪明才智,创造了世界发展史上的又一奇迹。当前,我国正处在现代化建设的关键时期,进一步解放思想,多出科学思想,多出战略思想,多出深刻思想,比以往任何时期都更加紧迫,更加重要。

思想创新是创新驱动发展的源泉。一部人类文明史，本质上是人类不断思考世界、认识世界到改造世界的历史。一部人类科学史，本质上是人类不断思考自然、认识自然到驾驭自然的历史。反思我们走过的历程，尽管我国在经济建设方面取得了举世瞩目的成就，科技发展也取得了长足的进步，但从思想角度看，我们的经济发展更多地借鉴了人类发展的成功经验，我们的科技发展主要是跟踪世界科技发展前沿，真正中国原创的思想还比较少，"钱学森之问"仍在困扰和拷问着我们。当前我国确立了创新驱动发展的道路，这是一条世界各国都在探索的道路，并无成功经验可以借鉴，需要我们在实践中自主创新。当前我国科技正处在创新跨越的起点，而原创能力已成为制约发展的瓶颈，需要科技界大幅提升思想创新的能力。

思想繁荣是社会和谐的基础。和谐基于相互理解，理解源于思想交流，建设社会主义和谐社会需要思想繁荣。思想繁荣需要提倡学术自由，学术自由需要鼓励学术争鸣，学术争鸣需要批判思维，批判思维需要独立思考。当前我国正处于社会转型期，各种复杂矛盾交织，需要国家采取适当的政策和措施予以解决，但思想繁荣是治本之策。思想繁荣也是我国社会主义文化大发展、大繁荣应有之义。

正是基于上述思考，我们把"出思想"和"出成果"、"出人才"并列作为中国科学院新时期的战略使命。面对国家和人民的殷切期望，面对科技创新跨越的机遇与挑战，我们要进一步对国家科学思想库建设加以系统谋划、整体布局，切实加强咨询研究、战略研究和学术研究，努力取得更多的富有科学性、前瞻性、系统性和可操作性的思想成果，为国家宏观决策提供咨询建议和科学依据，为社会公众提供科学思想和精神食粮。

前　言

为国家宏观决策和科学引导公众提供咨询意见、科学依据和政策建议，是中国科学院学部作为国家在科学技术方面最高咨询机构的职责要求，也是学部发挥国家科学思想库作用的主要体现。

长期以来，学部和广大院士围绕我国经济社会可持续发展、科技发展前沿领域和体制机制、应对全球性重大挑战等重大问题，开展战略研究和决策咨询，形成了许多咨询报告和院士建议。这些咨询报告和院士建议为国家宏观决策提供了重要参考依据，许多已经被采纳并成为公共政策。将学部咨询报告和院士建议公开出版发行，对于社会公众了解学部咨询评议工作、理解国家相关政策无疑是有帮助的，对于传承、传播院士们的科学思想和为学精神也大有裨益。

本丛书汇编了 1998 年以来的学部咨询报告和院士建议。自 2009 年 5 月开始启动出版以来，中国科学院院士工作局[①]和科学出版社密切合作，将每份文稿分别寄送相关院士征询意见、审读把关。丛书的出版得到了广大院士的热情鼓励和大力支持，并经过出版社诸位同志的辛勤编辑、设计和校对，现终于与广大读者见面了。

希望本丛书能让广大读者了解学部加强国家科学思想库建设所做出的不懈努力，了解广大院士为国家决策发挥参谋、咨询作用提供的诸多可资借鉴的宝贵资料，也期待着广大读者对丛书和以后学部的相关出版工作提出宝贵意见。

中国科学院院士工作局

二〇一二年十一月

---

① 现更名为中国科学院学部工作局。

目 录

我国核燃料循环技术发展战略研究

柴之芳 等

核燃料循环是核能系统的"大动脉",为了确保我国核能的安全和可持续发展,必须建设一个适合我国国情的、独立完整和先进的核燃料循环科研和工业化体系。

为适应我国国民经济平稳而较快发展的需要,并控制温室气体的排放,我国已制定了在确保安全的基础上高效发展核电的方针。根据《国家核电发展专题规划(2005—2020年)》,我国核电发展的预定目标是到2020年装机容量达到7000万千瓦或更高。在2020年以后,我国核电将要以更大的规模发展,才能满足国家电力需求,优化能源结构,发展低碳经济,从而保障我国国民经济可持续发展。

核燃料循环中的乏燃料后处理是目前已知的最复杂和最具挑战性的化学处理过程之一。国际核能界的共识是,在现阶段的核能发展中,最担忧的就是核电产业前、后端发展不平衡。乏燃料后处理和废物处置是很麻烦的事情,需要先进的技术。核电产业想要向前发展,乏燃料后处理问题一定要高度重视。日本福岛核电事故的发生,尤其是核燃料元件的破损和乏燃料池的放射性泄漏,更充分说明了建立一个安全的核燃料循环体系的重要性。

与发达国家相比,我国的核电发展起步较晚,核燃料循环技术在总体上比较落后。尤其是我国核燃料循环后段研究滞后,尚未形成工业能力,成为我国核能体系中最薄弱的环节,在铀钚氧化物核燃料元件制造和乏燃料后处理等关键领域甚至比印度还落后20~25年。所以我国必须加快核燃料循环,尤其是后段技术的研发。更要着重指出的是,与我国各级政府高度重视建设核电站相比,核燃料循环体系的研发严重滞后,这势必会影响我国核电的可持续发展,更会对核电安全带来潜在危害。为此,有关中央领导同志早在2004年就对我国核燃料循环等有关问题做出了"亡羊补牢,未为晚也""要奋起直追的往前赶""必须重视此问题,认真研究,作出部署"的重要批示,为我国在21世纪建成安全和先进的核燃料循环体系指明了方向。

我国遵循从压水堆到快堆的核裂变能发展战略,并选择与之相适应的核燃料闭式循环技术路线。为此,必须建立一套独立完整和先进的核燃料闭式循环体系。我国核燃料循环后段包括:①压水堆乏燃料后处理;②快堆燃料(金属氧化物或金属合金)制造;③快堆乏燃料后处理;④高水平放射性废物处理与处置等。先进的核燃料循环体系可实现核能资源利用的最大化和放射性废物的最少化，是实施我国从压水堆到快堆发展战略、实现核裂变能安全且可持续发展的关键。与核燃料循环前段相比，我国核燃料循环后段长期缺乏统一领导和科学规划，经费投入不足，研发力量分散，基础研究缺乏支持，工程技术相当落后，迄今尚未形成产业化，已成为我国核燃料循环中最薄弱的环节。

咨询组分别就我国核燃料循环技术战略总体研究及国外先进核燃料循环后段技术发展动向，热堆和快堆乏燃料后处理技术分析，核燃料增殖的快堆内循环研究，金属氧化物和金属燃料制造技术，快堆及其燃料循环技术经济性初步分析，高水平放射性废物处理研究及展望，钍铀循环的现状、问题和对策，核燃料循环中的新方法，新材料和新技术等专题开展研究，并分别形成专题报告，力求科学评估当代国际核燃料循环技术的现状和发展动向，提出我国核燃料循环后段应采取的技术路线，为我国核能的可持续发展提供具有科学依据的建议。

一、当前我国核燃料循环技术发展中的主要问题

1. 核燃料循环管理体系分散

多部门、多机构之间条块分割，难以协调一致，造成资源巨大浪费，导致核燃料循环没有国家决策的尴尬局面。

2. 科研力量薄弱，后备人才短缺

我国从事核燃料循环的科研力量不足，而且有限的队伍分散在中国核工业集团公司、中国科学院、高等院校和国防科研部门等，缺乏有效合作，造成科研和产业化之间的脱节。

3. 核燃料循环后段的基础研究薄弱

与核燃料循环前段及核电站建设相比，对核燃料循环后段的投资太少，从事核燃料循环的科研人员的待遇远低于商业核电站的从业人员。这在很大程度上会影响我国核电事业的可持续发展。

4. 核燃料循环技术体系中主要环节的发展不协调

例如，后处理大厂的建设滞后于商用示范快堆机组的建设；引进俄罗斯BN-800型快堆电站将不得不同时购买其燃料，我国自主研发的示范快堆可能面临"无米之炊"的困境；设想中的加速器驱动次临界洁净核能系统（Accelerator Driven Sub-critical System, ADS）的次临界示范堆超前于我国第二座后处理

厂等。

上述问题已严重影响到我国在确保安全的前提下高效发展核电的方针的实施。

二、对我国核燃料循环技术发展的政策性建议

1. 统筹规划，合理布局，做好核燃料循环后段的国家级顶层设计

核燃料循环是核裂变能系统的动脉和核能可持续发展的支柱。乏燃料后处理技术的研发在世界各国毫无例外地都属于政府行为，必须由政府部门代表国家进行策划。坚持政府决策、指导和监管的原则，必须做好国家级顶层设计和系统策划。由国家统筹规划，组织实施，分步推进，有序发展。顶层设计应包括三个不同科研层次（基础研究、应用研究和工艺研究）和三个不同技术层次（主线技术、培育性技术、探索性技术）的总体布局和统筹规划。要依据国家核能发展目标，充分考虑我国现有技术基础和发展潜力，参考和借鉴国外核燃料循环发展计划，制定出具有前瞻性、全局性、权威性和可操作性的我国核燃料循环发展路线图。一定要遵循基础研究（着重科学问题）、应用研究（着重技术问题）和产业化实施（解决工艺问题）的有机整合。建议尽快设立国家级以科学家为主的"核燃料循环技术发展咨询委员会"，从国家重大需求出发，在国家层面对我国核燃料循环发展路线图、核燃料循环重大项目的设立及核燃料循环人才的培养等进行决策和评价。消除"行业垄断，条块分割，政出多门"这种严重阻碍核燃料循环发展且浪费国家资金的现象。建议该咨询委员会由国务院委托中国科学院学部和中国工程院学部聘请国内不同单位具有较高学术造诣，处事公正的专家组成，同时还可吸收部分有战略决策能力的管理专家。汇聚中国科学院、中国工程院、高等院校、中国核工业集团公司、国防科研部门和产业界等相关科学技术队伍，分工合作，为建成具有我国自主知识产权的先进核燃料循环体系奠定体制基础。

2. 科技部尽快组织核燃料循环基础研究重大研究计划

采取积极政策，支持核燃料循环基础和应用研究，结合我国核电建设、乏燃料后处理、高水平放射性废物处置等，建议在"十二五"期间启动一批核燃料循环科研项目。

3. 教育部建立核燃料循环专业基础研究和人才培养基地

我国核燃料循环专业的人才培养相当薄弱，与国家重大需求有较大差距。建议在"十二五"期间，教育部应在我国有基础的高校中加强对核燃料循环专业的支持和投入。美国现有60余所大学参与核燃料循环后段的基础研究，而我国只

有寥寥几所。参照美国等国家的研究生计划，我国每年应拟拨不低于 1000 万元的专款培养核燃料循环专业研究生，并提高其奖学金。

4. 以自力更生为主，开展国际合作

在核燃料循环后段研发和后处理大厂建设方面，应以自力更生为主，开展以我为主的国际合作。对我国正在洽谈用巨资引进法国 Areva 集团的后处理设施一事，要在国家层面展开科学认证，不宜全盘高价引进。此外，一定要积极部署核燃料后处理化学的基础研究、工艺研究和设备研究，使我国的核燃料后处理具有坚实基础，在国际谈判中处于主导地位。建议在乏燃料后处理基础研究领域充分发挥中国科学院和高等院校的作用。

5. 共享核燃料循环科研平台，发挥我国大科学装置的作用

国内正在建设的重要科研平台包括乏燃料后处理实验设施、快堆燃料研发实验室、高水平放射性废物处理与处置实验室等。以上设施都应作为国家级的核燃料循环后段研发平台，向国内相关单位开放使用。建议成立我国"核燃料循环重点实验室"。建议北京光源或上海光源建立放射性束线站，专门用于铀、钍等锕系元素物理化学表征的研究。还应充分发挥我国高性能超级计算机在核燃料循环研究中的作用。

6. 加快核电立法

建议国家加快核电立法，从核电电费中适当提取一定份额作为乏燃料基金，用于开展乏燃料后处理的研发工作，应将核燃料循环研发人员的待遇提高到核电厂从业人员的水平。同时需要思考如何建立具有中国特色的社会主义市场经济下的核燃料循环体制，既要明确国家的主导和监管作用，又要发挥企业和民营资本的积极性。

三、对我国核燃料循环发展战略的技术性建议

1. 我国快堆核燃料循环发展宜采取"先增殖，后嬗变"的技术路线

我国与发达国家不同，属于核能后发展国家，在相当长的一段时间内乏燃料积累的压力不大，且分离－嬗变技术的研究也刚起步不久，而快堆增殖的需求则比较迫切。所以，我国宜在 2050 年之前主要实施快堆增殖核燃料，放射性废物的嬗变（焚烧）可以在 2050 年之后开始工程应用实施。

ADS 在放射性废物嬗变方面与快堆焚烧相比具有更大优势，所以从我国核

能可持续发展战略中的地位来看，快堆侧重于核燃料的增殖，ADS 侧重于放射性废物的嬗变，这是比较合理的选择。当然，ADS 面临一系列具有挑战性的工程难题需要解决，包括系统的可靠性、可用性、可维修性及可监测性等，需要进行深入的研发。同时，应积极部署 ADS 中的核燃料循环化学等关键科学技术问题的研究。

2. 应使我国燃料资源利用最大化

对铀资源利用率影响最大的是燃料燃耗深度和后处理及燃料再制造过程中的燃料回收再利用率。为了将铀资源的利用率提高 60 倍，在相对燃耗深度为 20% 时，需要将核燃料在快堆中循环 10 次以上。这样可使我国的铀资源供应达到千年以上，对于核燃料增殖的科学和技术问题需要深入研究。

3. 分离钚

从目前运行的压水堆中分离出的钚（简称分离钚）可跳过热堆循环这一步，而直接进行快堆核燃料循环，这样有利于核燃料的增殖。这将是一个适合我国国情的合理方案，但其前提是快堆发展计划需如期实施。

4. 热堆乏燃料水法后处理

近期的研究工作要为我国后处理中试厂稳定运行提供支撑技术；中长期目标是研究先进后处理中的新原理、新方法和新工艺流程，为商业后处理厂提供科技支持。宜在国际上成熟的普雷克斯流程（用磷酸三丁酯作萃取剂分离回收铀和钚的乏燃料后处理流程，英文简称为 Purex）基础上，提出改进型的 Purex 主流程（如先进无盐二循环流程）和从高水平放射性废液中分离次锕系元素的辅流程，力争使我国多年来的后处理研究成果能应用于后处理大厂工艺流程的设计。除了工艺流程研究之外，还应加强专用工艺设备及材料研究（特别是乏燃料剪切机和溶解器）、分析检测技术研究、远距离维修设备、自控系统、临界安全研究等。

5. 在确保铀 – 钚循环这条主线的前提下，应启动包括熔盐堆在内的钍 – 铀循环的探索性和前瞻性研究

关于我国核能体系中利用钍的可能方式，咨询组经过分析后指出，热堆使用钍优于快堆，而在快堆增殖层中增殖 U-233 的能力优于热堆。鉴于我国热堆电站的主导堆型是压水堆，所以我国应首先考虑在压水堆中使用钍，从而使钍资源作为铀资源的补充，适当延长热堆电站的使用时间。同时，也应发挥快堆的增殖优势，在快堆增殖层中生产 U-233，分离后供热堆使用。此外，我国有必要开展熔盐堆的研究，首先着重研究熔盐堆钍铀循环过程中的化学问题和材料问题。

6. 我国核燃料循环技术产业化发展的推荐路线图

第一阶段（2011~2025年）：建成热堆乏燃料第一座商用后处理厂和快堆铀钚混合氧化物（MOX）燃料制造厂；完成热堆乏燃料先进后处理主工艺和高水平放射性废液分离工艺中间试验；完成快堆 MOX 乏燃料水法后处理台架实验；完成金属合金燃料制造工艺中间试验；建设干法后处理和熔盐实验平台；完成高水平放射性废液固化（冷坩埚）工艺中间试验。

第二阶段（2025~2040年）：建设热堆乏燃料第二座商用后处理厂（采用先进后处理技术，包括兼容处理快堆 MOX 乏燃料高水平放射性废液分离）和快堆金属合金燃料制造厂；建设高水平放射性废液固化工厂；完成干法后处理和熔盐循环示范试验。

第三阶段（2040~2050年）：完成金属合金乏燃料后处理干法中间试验，并建设后处理厂；完成熔盐高水平放射性废物固化工艺中间试验并建设固化工厂。

（本文选自 2012 年咨询报告）

咨询组成员名单

柴之芳	中国科学院院士	中国科学院高能物理研究所
顾忠茂	研究员	中国原子能科学研究院
刘元方	中国科学院院士	北京大学
王方定	中国科学院院士	中国原子能科学研究院
朱永䁐	中国工程院院士	清华大学
阮可强	中国工程院院士	中国核工业集团公司
周培德	研究员	中国原子能科学研究院
喻 宏	研究员	中国原子能科学研究院
韦悦周	教 授	上海交通大学
尹邦跃	研究员	中国原子能科学研究院
李 隽	教 授	清华大学
陆道纲	教 授	华北电力大学
王祥云	教 授	北京大学
叶国安	研究员	中国原子能研究院
赵宇亮	研究员	中国科学院高能物理研究所
孙 颖	研究员	中国工程物理研究院

汪小琳	研究员	中国工程物理研究院
张生栋	研究员	中国原子能研究院
吴王锁	教 授	兰州大学
张安运	教 授	浙江大学
王祥科	研究员	中国科学院等离子体物理研究所
夏晓彬	研究员	中国科学院上海应用物理研究所
石伟群	副研究员	中国科学院高能物理研究所
刘学刚	副教授	清华大学
刘春立	教 授	北京大学

咨询报告评议专家名单

沈文庆	中国科学院院士	中国科学院上海应用物理研究所, 国家自然科学基金委员会
詹文龙	中国科学院院士	中国科学院
王乃彦	中国科学院院士	中国原子能研究院 北京师范大学
李冠兴	中国工程院院士	中国核学会 北方核燃料集团
陈佳洱	中国科学院院士	北京大学
陈和生	中国科学院院士	中国科学院高能物理研究所
方守贤	中国科学院院士	中国科学院高能物理研究所
胡仁宇	中国科学院院士	中国工程物理研究院
张焕乔	中国科学院院士	中国原子能研究院
汲培文	研究员	国家自然科学基金委员会数理学部
蒲 钊	研究员	国家自然科学基金委员会数理学部
梁文平	研究员	国家自然科学基金委员会化学学部
陈 荣	研究员	国家自然科学基金委员会化学学部
孙 颖	研究员	中国工程物理研究院
严叔衡	研究员	中国核工业集团公司
宋崇立	研究员	清华大学
郑华铃	研究员	中国核工业集团公司
李金英	研究员	中国核工业集团公司

罗上庚	研究员	中国原子能研究院
徐景明	研究员	清华大学
郭景儒	研究员	中国原子能研究院
陈　靖	教　授	清华大学
徐　銤	研究员	中国原子能科学研究院

关于大力加强我国海洋石油勘探开发安全与陆上油气储运安全工作的建议

严陆光 等

海洋石油勘探开发安全和陆上油气储运安全是我国能源工作的两个重要方面，是关系我国能源安全、能源战略和可持续发展的重大问题。

长期以来，我国一次能源消耗一直以化石能源为主，2020年前，虽然化石能源所占份额将有所下降，但其数量仍将增长，除煤炭外，石油和天然气均占很大份额，保证我国石油、天然气可靠安全地供应是可持续发展的基础。陆上石油生产是我国石油生产的主体，年产量约占总年产量的3/4。陆上石油生产技术成熟，长期以来积累了丰富的安全生产经验，鲜见难以控制的重大生产安全事故。石油生产安全工作的重点在海洋石油。我国石油、天然气的长距离输运和大容量存储集中在陆上进行，油气储运安全工作的重点在陆上。

一、我国海洋石油勘探开发安全和陆上油气储运安全的重要性

我国陆上石油年产量估计仅能稳定在1.8亿~2.0亿吨，要增大国内生产，减小对进口的依赖，就必须大力加速海洋石油的勘探与开发。海洋石油的勘探与开发是一项具有高风险的系统工程。2010年4月20日，英国石油公司的海上钻探平台在墨西哥湾发生爆炸，造成11名工作人员死亡，漏油量超过400万桶，漏油污染面积相当于美国马里兰州面积。近来，我国渤海海洋石油开发也发生了泄漏事故，更加引起了国内对海洋石油勘探开发安全的广泛重视。这些事故警醒我们：海洋石油勘探开发一定要树立安全第一的思想，海洋石油勘探开发安全的重要性和紧迫性要引起高度重视。

陆上管道运输已经成为我国石油、天然气运输的主要方式。今后10年是我国天然气开发大幅度增长的重要时期，管道总长将成倍增长。由于油气的易燃、易爆及毒性等特点，一旦管道发生事故，容易引起污染、中毒、火灾及爆炸等灾难性后果，造成人员死亡及重大经济损失，并产生恶劣的社会影响。2010年9月9日，美国旧金山天然气管道爆炸，致6人死亡40人烧伤，53幢建筑被完全

烧毁。2011年9月12日，肯尼亚首都内罗毕输油管泄漏后引发爆炸，约百人丧生，百余人受伤，带来巨大灾难。陆上油气储运的安全问题引起了世界各国的高度重视。

二、我国海洋石油勘探开发安全的现状与问题

1. 海洋石油勘探开发安全的现状

我国海域油气资源潜力巨大，占全国石油资源量的23%，天然气资源量的29%。近10年来，我国新增石油产量的53%来自海洋石油，目前我国海域油气产量已占全国油气总产量的1/4。中国海域已成为我国陆上石油、天然气最重要、最现实的接替区。

我国掌握了300米水深内勘探开发技术，具有10 000米的钻井作业能力，建成了浮式生产储卸油装置，具备了1500米水深条件下的勘探作业能力。虽然我国已成为海洋石油的生产大国，但在设计、装备、工艺、技术、专利、专业队伍方面，与先进国家仍存在一定差距，多数装置仍需从国外引进。海洋石油勘探开发在勘探、钻井、建井、完井、采油、集输、工程作业等方面均有一些特殊安全科技问题。我国深水油气勘探开发和水下生产系统的研究尚处于起步阶段，缺乏能有效降低作业风险的安全评估与控制技术，也不具备独立设计、制造和安装水下生产系统的能力，没有真正掌握水下生产系统的关键技术。海洋石油工业是技术难度大、装备复杂、安全风险最大的行业之一。我们必须在各个环节的关键安全技术方面花大力气，下大工夫，认真工作，杜绝安全隐患。

我国南海油气资源日益受到周边邻海国家的掠夺和开采，加快开发南海油气资源对保障我国的能源安全、领海主权的完整是十分重要的，南海及东海与周边有争议区域的深水油气资源开发具有十分重要的战略地位，尽快在南海开展实质性的油气勘探开发已经非常紧迫和必要。

2. 海洋石油勘探开发安全的主要科技问题

海洋石油勘探开发安全的关键技术主要有以下几个方面。

1）海上油气钻井的关键安全技术。包括：健康、安全和环境（health, safety and environment，HSE）体系；防喷器（blow-out preventor，BOP）及隔水管系统安全监测、评估与控制技术；深水测试、完井过程管柱应急解脱及回接技术；深水石油钻井环境保护技术等。

2）海上油气生产及集输的关键安全技术。包括：海底管道安全技术；生产平台和浮式生产系统上部工艺及集输安全技术；水下生产系统安全控制技术；海

上溢油应急反应体系及治理技术等。

3）海上油气工程作业的关键安全技术。包括：海洋工程自身的结构完整性；海上设施面临的火灾爆炸、船舶碰撞、高空落物等一系列重大风险；广泛采用动力定位系统等。

4）海洋油气工程腐蚀的防护技术。海洋油气工程多处于海洋腐蚀区，腐蚀环境更为苛刻。海洋腐蚀区域划分为海洋大气区、浪花飞溅区、海洋潮差区、海水全浸区和海底泥土区五个区域，以浪花飞溅区、海洋潮差区的腐蚀最为严重，目前这些区域最有效的防护措施是复层矿脂包覆防腐技术。

5）海洋石油勘探开发安全供电技术。海上采油平台的用电系统是一个孤立运行的电力系统。2008 年开始尝试采油平台电力系统互联，以提高平台电力系统的抗干扰能力。存在的技术问题主要有雷击问题、谐波污染、海底电缆的保护等问题。

三、我国陆上油气储运安全的现状与问题

1. 陆上石油和天然气储运现状

管道运输作为长距离输送石油、天然气最安全、最经济的输送方式，已经成为我国陆上油气运输的主要方式。截至 2009 年年底，我国共有油气管道约 7.5 万千米，其中天然气管道 3.8 万千米，原油管道 2 万千米，成品油管道 1.7 万千米，形成了区域性油气管网布局。我国总石油储备能力已超过 30 天原油进口量。到 2010 年，我国已经建成储气库 11 座，设计总库容 116 亿米^3。2011 年已经列入新建计划的储气库有 12 座，争取在 2012 年前建成投入运行。

与发达国家相比，我国油气管道安全性依然有一定的差距。我国油气管道事故率平均为 3 次／（1000 千米·年），远高于美国的 0.5 次／（1000 千米·年）和欧洲的 0.25 次／（1000 千米·年）。我国的油气管道建设已经有近 40 年的历史，有些管道走向、状况不清，部分管道已经进入事故多发期。我国管道安全及完整性管理的技术水平还不能适应发展的要求，诊断评价技术、检测监测技术、应急救援技术、法规标准支撑技术的发展还有待科技攻关进行突破。相关的法律、法规及标准还不健全，我国油气管道安全所面临的形势十分严峻。

2. 陆上石油和天然气储运安全的主要科技问题

未来几年，我国将进入埋地管道建设和发展的高峰期，但我国油气管道事故率远高于美国和欧洲，我国管道安全及完整性管理的技术水平还不能适应发展的要求。主要的安全科技问题包括以下几个方面。

（1）原油管道和天然气管道流动安全保障技术

一是原油管道流动安全。易凝高黏原油流变性的恶化和管道内壁结蜡都会导致管道沿程摩阻的升高，导致管道的运行压力超过其设计的最大允许操作压力，继而引发流动安全问题。原油的流变性变差和管道结蜡是导致原油管道流动安全问题的最主要因素。

二是天然气管道流动安全。天然气管道的流动安全问题主要考虑的是水合物冰堵，应采取措施防止和解除水合物在天然气管道中堵塞，开展相应技术的研发。

（2）安全预警与泄漏检测技术

针对管道泄露检测问题，除了采用传统的人工巡线等人防措施外，国内外所采用的技防手段是在管道上加装检测流体泄漏后所引起的特性变化进行报警和定位的泄漏检测技术。管道安全预警技术主要针对管道运行过程中所遭受的人为破坏，以及滑坡、泥石流等自然灾害，通过远程实时检测管道沿线的状态变化和信号识别，从而对管道安全威胁事件进行报警和定位。

（3）管道检测、修复等完整性评价技术

管道完整性管理的基础是完整性评价，包括管道本体的适用性评价、站场设施的故障诊断、地震及地质灾害评估等。管道检测与修复技术是完整性支持技术的重要组成部分，运用完整性管理技术，能够及时发现并修复管体存在的缺陷，使管道始终处于受控状态，充分满足物理和功能上的完整，确保管道始终处于完全可靠的服役状态。

（4）储气库建设技术

储气库建设包含下列主要技术：①中低渗低压水淹气藏建库技术；②水驱后期裂缝性油藏建库技术；③层状盐岩建库技术；④含水层建库技术；⑤储气库运行优化控制系统与安全监测技术；⑥重点地区的后备库址筛选与评价等。

（5）腐蚀的防护技术

目前，我国大部分陆上油田开发进入三次采油阶段，大量采油用剂的注入对油田生产和集输系统造成严重的腐蚀。油田生产设备和集输系统主要腐蚀因素包括大气腐蚀、土壤腐蚀、硫化氢腐蚀和二氧化碳腐蚀。

（6）天然气中汞对储运安全的影响

天然气中汞含量的高低直接关系到输送管线安全性、沿线居民身体健康和生态环境污染，以及应用设备的腐蚀。国内外对天然气中汞的研究还十分薄弱。分析技术和样品采集不完善等诸多因素，导致油气中汞及汞化合物附存形式的研究缺乏依据，研究和厘清主要含气盆地和大中型气田的天然气中汞含量大小成为天然气储运安全、净化环境和事关人民健康的一项重要工作。

四、主 要 建 议

1. 完善海洋资源开发相关法律体系

国家宜出台海洋资源开发法规、管理条例，使海洋油气资源的勘探开发和保护有法可依，有章可循。完善海洋石油工程技术规范和标准体系，提高海洋石油工程装备的建造安全等级，保护海洋生态环境。

2. 成立国家层面的海洋石油专业化管理机构

加强海洋石油资源协调管理，建立全国统一的海上应急救助信息系统和指挥系统，对救援人员和救援装备进行统一指挥和调配，提高海上应急救助的反应速度和应急救助资源的使用效率。避免各大石油公司及相关部门出现重复规划、重复购置的现象。

3. 加强海洋油气资源勘探详查

凡是有油气显示的主权海域都要有油气勘探普查，凡是储量探明区都要有油气开发。加快深水基地建设，支持深水勘探，保护海洋资源，彰显国家主权。国家要全面制定海洋勘探开发战略部署，在主权海域、石油探明储量区域进行积极勘探开发，并加强新区的详查和现有油区的外围勘探。尤其急需在南海建立深水石油基地；改进和强化已有的沿海岸基石油基地，将服务保障引向深水。

4. 建立科学严格的海洋石油行业标准体系

完善海洋石油工程技术规范和标准体系，提高海洋石油工程装备的建造安全等级。研究安全策略、安全管理、安全装备和安全技术，建立和完善深水健康安全环保管理体系；建立完整的海洋石油工程相关的设施规范、专项系统及设备规范、推荐做法及专项技术指南；提高海洋石油工程装备设计、建造、检验等方面的安全等级，降低海洋石油勘探开发安全风险。

5. 加强海洋石油工业高端装备的创新制造

大力开展海洋石油勘探开发关键装备与技术研究，成立国家海洋重点工程实验室。加强海洋石油工业基础设施的创新制造。

6. 建设国家油气储运设施完整性管理平台

组织中国石油天然气集团公司、中国石油化工集团公司、中国海洋石油总公司、中国中化集团公司四大石油公司及地方企业，收集并整理分析所有能收集到的油气储运设施失效事故数据，建立油气储运设施运行数据信息与完整性评价体系，特别是关系到国家和地方安全的重大储运设施；收集国内外油气储运设施完整性管理的先进技术和科学管理办法；建立以上数据库的综合信息平台，并及时更新，以保障国家油气储运设施完整性管理和安全运行。

7. 加强国家重大储运设施建设关键技术研究

从国家层面组织重大关键技术联合攻关，并做到技术共享，关键技术包括设计、施工、材料、防腐、检测、监测及维抢修等各个环节。

8. 加强天然气中汞含量的检测及脱汞研究

汞是天然气中一种常见的有害重金属元素，汞不仅腐蚀设备，引起气体泄漏，而且还会危害人体健康。应加强天然气中汞的成因和检测技术研究，加强汞及其他有害气体的监测和脱除方法的研究。

9. 加强我国储油库、储气库选址和建库技术研究

储油库、储气库选址和建库具有战略意义。我国盐穴储气库建设过程中形成了一系列盐层储库建设技术，应加强相关技术的研究，并用于石油战略储备库的建设。

（本文选自 2012 年咨询报告）

咨询组成员名单

严陆光	中国科学院院士	中国科学院电工研究所
卢　强	中国科学院院士	清华大学
宋振骐	中国科学院院士	山东科技大学
戴金星	中国科学院院士	中国石油勘探开发研究院
刘光鼎	中国科学院院士	中国科学院地质与地球物理研究所
侯保荣	中国工程院院士	中国科学院海洋研究所
孙振纯	教　授	中国石油天然气集团公司
姜　标	研究员	中国科学院上海高等研究院

黄常纲	研究员	中国科学院电工研究所
沈 沉	教 授	清华大学
谭宗颖	研究员	中国科学院文献情报中心
胡国艺	教 授	中国石油勘探开发研究院
姜 伟	教授级高级工程师	中国海洋石油总公司
冯 霞	副研究员	中国科学院院士工作局
王友华	高级工程师	中国石油天然气集团公司
王 静	助理研究员	中国科学院海洋研究所
何玉发	工程师	中国海洋石油总公司
刘 欣	助理研究员	中国科学院海洋研究所

太阳电池技术与光伏新能源产业的
发展态势和对策建议

王启明　等

人类社会的发展对能源的需求越来越大。与世界其他主要国家一样，我国的常规能源供给也面临着日益严重的短缺问题。化石能源的大量开发利用也是造成人类生存环境恶化的主要原因之一。在有限资源和环境保护的双重制约下如何发展经济已成为全球的热点问题。发展各类新能源已被世界各国政府列为重要的战略任务。

从可再生和清洁性考虑，光伏能源无疑是绿色新能源的重要部分。2011 年3 月日本福岛核泄漏事件后，世界各国对此更加确认无疑。由于技术进步和各国政策法规的强力驱动，光伏能源产业已成为目前世界上发展速度最快的产业之一，在过去 10 年内，年平均增长率接近 40%。太阳电池是光伏能源光电转换的基石。围绕"提高效率、降低成本"的目标，国际上大量研究机构都投入到了各种太阳电池的研发中。无论是晶硅（Si）太阳电池、硅薄膜太阳电池、铜铟镓硒（CIGS）薄膜太阳电池、碲化镉（CdTe）薄膜太阳电池，还是 III-V 族化合物太阳电池、染料敏化太阳电池、有机太阳电池，以及下一代超高效太阳电池，技术都有了显著进步。技术进步使光伏发电成本正逐年下降。

我国的光伏制造产业发展起步于 1995 年。自 2007 年起，我国太阳电池及组件产量一直位居世界第一。2010 年，中国（包括台湾省）量产太阳电池超过 12 吉瓦，占世界总产量的 59%，产品以晶硅太阳电池为主。我国传统晶硅太阳电池的量产水平与国际相当，但在新结构高效硅电池方面与国际先进水平存在一定差距。各类薄膜太阳电池与国际水平相差较远，缺乏制备高性能太阳电池的关键技术和设备，即使是晶硅太阳电池生产所用的一些高端设备及辅助材料，也仍然需要进口。我国的绝大多数太阳电池产品出口国外，国内的光伏应用市场很小，消费的太阳电池不足产量的 5%。2009 年我国光伏发电装机总量仅 228 兆瓦，2010 年装机总量也只提升到 520 兆瓦左右，都只占当年全球装机总量的约 3%。所以，我国目前仅是太阳电池的制造大国，既不是光伏技术大国，也不是应用大国。这样的结果是生产的能耗和可能的污染留在了国内，而最终的清洁能源却供给了国外。

就整个光伏产业现状而言，西方国家一方面在电池制备先进技术和高精度自动化高端设备上居于控制地位；另一方面通过固定上网电价等政策极大地促进了本国光伏应用市场的发展。而我国太阳电池及组件制造产业正逐渐形成产能过剩的局面。随着国外各国逐年下调对光伏应用的扶持力度，或者出台一些市场保护政策，我国光伏制造企业的赢利能力正逐渐下降，甚至出现亏损。西方国家下调扶持力度一方面是基于对技术进步、光伏发电成本降低的判断，另一方面也是制约我国太阳电池制造产业发展所采取的手段。我国光伏制造产业当前的困境是诸多原因综合作用的结果。除了市场，我国光伏制造企业的盲目扩张是另外一个重要原因，产能过剩带来过度竞争，造成投资浪费。更为重要的是，我国的大多数光伏制造企业只是采购设备做生产，缺乏光伏技术的核心竞争力，造成成本、性能等都与国际先进水平存在较大差距。

从长远来看，光伏产业仍处于上升期，产业规模仍将继续扩大。光伏发电在世界能源体系中刚刚崭露头角，技术进步将使光伏发电成本继续下降，最终实现平价上网。欧洲光伏产业协会（EPIA）认为，2020 年光伏发电将在 76% 的发电市场中具有可竞争力。

鉴于我国的光伏新能源产业已初具规模，进一步发展受到技术和市场的双重制约，而光伏发电本身具有宏伟的发展前景，我国的能源与电力发展也正面临结构调整的压力，扩大国内光伏应用市场可以成为实现我国节能减排目标的重要保障。从能源战略的高度出发，我国也应该充分珍惜和保护盛极一时的产量居世界首位的光伏产业，在能源市场上为光伏应用提供广阔空间，扭转太阳电池主要外销，受制于国外市场的不利局面。所以，现从我国的国家需求出发，以把我国由太阳电池制造大国变成真正的光伏产业强国为目标，提出促进我国光伏新能源产业发展的几点对策和建议。

1. 提升光伏能源的地位，立足国情、缜密规划，加快光伏电站的储备性战略部署和光伏能源的普及应用

将光伏能源作为解决低碳排放和化石能源短缺的重要途径，加快国内光伏建筑一体化和光伏电站建设，扩展太阳电池应用，扭转太阳电池主要外销，受制于国外市场的不利局面。同时，把智能并网和大容量高效储能技术的自主研发作为紧急任务。小型光伏电站及光伏建筑一体化的供电储能方式要求容易实现，对此应指令性及早布置。我国西北和内蒙古地区，更适于大型电站建设。

2. 地域上形成产业群，市场上构建产业链，增强抗风险能力

不宜再继续新建中小型企业。可根据市场发展需要，通过扩产或兼并，形成 10 吉瓦级超大型光伏企业，降低成本，强化持久竞争力。为便于集中管理，应对环境污染的突发隐患，鼓励与支持化学提纯法硅料企业将产能提升到 10 万吨级水平，严格控制在沿海地区和中原腹地的重复新建。对环保和能耗的监管要责任性落实，限期建立应对突发事件的保障措施，不能走马观花，流于形式。对低污染低能耗的物理提纯法和其他创新方法的研发应重点加强支持力度。困境的出现既是困难，也是机遇，我们应该借机大力开展合理整合，对原有光伏企业淘汰落后技术，合理规划布局，加大上下游企业间的相互协作，鼓励同一地域的产业集团化，提高企业对抗市场风险的能力，改变遍地开花、无序分布、重复建设的混乱局面，把光伏产业做大、做强。

3. 以市场为导向，分层次加大扶持力度，多类太阳电池协同发展

可将太阳电池按照市场应用分成替代性能源、光伏建筑一体化能源、专用性能源及消费性便携式能源四类。对各类太阳电池要着力自主创新，从源头上降低光伏发电的成本，在2~3年内尽快使光伏发电成本降低到化石发电的水平。

1）替代性能源：选择晶硅电池为重点，其他薄膜类电池为必要补充。政府部门应及早谋划，以科学发展观规划指导，以企业为主体配套协同发展，支持企业自主技术创新和集成创新，实现环境保护、能耗降低和成本下降。

2）光伏建筑一体化能源：以薄膜硅电池为主。加大政府投入与支持力度，促进关键工艺设备开发，提高电池效率，降低制造成本。

3）专用性能源：针对空天应用及在海陆空战场上的军事应用，以高效率的多结砷化镓电池为主。要以政府为主导，不计成本迅速发展，但在规模上要有科学合理的预估规划。

4）消费性便携式能源：以有机类及染料敏化电池为主。政府宜重视和支持研究单位开展创新研究，引导和鼓励中小企业进行这方面的积极投入。

4. 强化光伏配套产业的自主发展

对高精尖的光伏制造设备，政府应尽快组织自主研发与批量供应，新建或扩建企业的生产设备要尽快实现完全国产化。同时要重视优质基础材料和关键性辅件与装置的自主研发和供应。建议国家设立专门的领导小组，跨部门组织推进，强化发展光伏能源的配套产业。

5. 着力部署下一代超高效率太阳电池的前沿性创新研究

建议国家在中国科学院和重点大学的已有基础上，组建一个国家级的下一代太阳电池开放性研发中心，注重原创性基础研究，加强先导性理论指导，有所为，有所不为，选取若干适宜的方向，突破常规太阳电池效率的理论极限，制备出高效率、低成本的下一代太阳电池。以硅单结电池为基础依然是一个可优选考虑的方向。

6. 对光伏产业发展提供前瞻性的政策支持与引导

制订出具有前瞻性、预测性和突破性的方针政策，对电力系统加强指令性宏观调控，直接对国务院负责，推动光伏发电并网，指令性实施光伏建筑一体化，合理满足光伏产业的贷款需求，使我国光伏产业摆脱当前国际金融危机的冲击以及美国企图施以反倾销关税等的影响。

方针政策或规定的实施必须强化宏观调控，严格监督管理，切忌地区或部门一味追求眼前短期利益，时热时冷，忽上忽下。建议设立以专家、企业家代表为主体的专、兼职发展预测机构，及时为政府决策提供中肯的对策建议。

为应对目前我国光伏制造产业的困局，宜及早召开一个国家层面的由中央、地方、企业、科研机构等共同参加的策略研讨会，制订细致的光伏产业规划。

总之，光伏新能源产业的快速健康发展是利国利民的大事。目前全球光伏发电已呈进一步规模化之势，扩大国内的光伏应用市场势在必行。政府应继续制定政策支持我国光伏产业的发展，将光伏发电提到能源战略的高度进行规划。对各类太阳电池，要以市场为导向，分层次加大投资力度，加快光伏技术创新，降低发电成本，使我国在光伏能源未来的大规模应用中占据不可替代的重要地位，从而尽快由太阳电池制造大国变成真正的光伏产业强国。

（本文选自 2012 年咨询报告）

咨询组成员名单

王启明	中国科学院院士	中国科学院半导体研究所
褚君浩	中国科学院院士	中国科学院上海技术物理研究所
郑有炓	中国科学院院士	南京大学
简水生	中国科学院院士	北京交通大学
王阳元	中国科学院院士	北京大学
王占国	中国科学院院士	中国科学院半导体研究所
陈星弼	中国科学院院士	电子科技大学
刘式墉	教　授	吉林大学
黄维	教　授	南京邮电大学
张亚非	教　授	上海交通大学
杨辉	研究员	中国科学院苏州纳米技术与纳米仿生研究所
王文静	研究员	中国科学院电工研究所
杨德仁	教　授	浙江大学

戴松元	研究员	中国科学院合肥等离子体物理研究所
李长键	教　授	南开大学
徐　骏	教　授	南京大学
严　辉	教　授	北京工业大学
黄翊东	教　授	清华大学
陈敦军	教　授	南京大学
张传军	研究员	中国科学院上海技术物理研究所
曲胜春	研究员	中国科学院半导体研究所

咨询组工作人员名单

| 薛春来 | 副研究员 | 中国科学院半导体研究所 |
| 赵　雷 | 副研究员 | 中国科学院电工研究所 |

太赫兹科学技术发展预测和对策研究

刘盛纲 等

太赫兹 (THz) 波是指频率在 0.1~10 太赫兹的电磁波，它介于技术相对成熟的微波毫米波与红外可见光区域之间，具有独特的优越特性。这使它在物理学、化学、生命科学、材料科学、天文学等学科发展交叉领域，以及无线通信、物体成像、环境监测、医疗诊断、射电天文、安全检查、反恐探测等应用领域具有重大的科学价值和广阔的应用前景。

太赫兹科学技术不仅是科学技术发展中的重要基础领域，也是国家新一代信息产业、国家安全及基础科学发展的重大战略需求，对国民经济及国防建设具有极重要的意义。

一、我国太赫兹科学技术发展现状

自从 2005 年科技部、中国科学院、国家自然科学基金委员会联合召开了以太赫兹科学技术为主题的第 270 次香山科学会议以后，太赫兹科学技术受到我国政府部门的重视，得到国家 863、973 研究计划及国家自然科学基金项目的大力支持，使我国太赫兹科学技术发展进入到一个新阶段，研究水平得到较大提高，在太赫兹源、太赫兹探测、太赫兹应用等领域中均取得了一系列重要研究成果，建立了相关的研究平台并形成了具有一定规模和相当水平的老中青结合的研究队伍，为我国太赫兹科学技术的后续发展奠定了重要基础。主要体现在以下几个方面。

1）近年来我国在太赫兹核心关键技术上取得了重要成果。自主研制出了大功率真空电子学太赫兹源、光学和光子学太赫兹源、半导体太赫兹源及太赫兹探测系统；成功开展了太赫兹波谱技术在材料、生命科学等交叉领域的应用研究；探讨了太赫兹科学技术在国防、反恐领域中的可行性，开展了太赫兹雷达成像技术、太赫兹无线通信技术的研究，并已取得了初步的进展。

2）通过几年研究，深化了对太赫兹科学技术的认识。近年国内组织和开展了多个太赫兹科学技术发展战略及学术交流研讨会。2010 年 4 月在电子科技大学组织召开了由 16 位院士和 30 多位知名专家参加的"中国太赫兹科学技术及其应用发展研讨会"；2010年6月在北京两院院士大会期间，召开了由14位院士参加的"太赫兹发展对策研讨会"；2011年1月电子科技大学与中国科学院电子学研究所联合组织了由11位院士及40多位专家参加的"太赫兹科学技术战略研讨会"，对国内外研究进展和我国太赫兹发展战略规划进行了深入研讨。我国太赫兹科学技术研究工作也得到国家领导和相关部门的支持和重视。

3）建立了多个重要的太赫兹科学技术研究平台。成立了全国太赫兹专家委员会；在重要研究单位成立了相应的省部级重点实验室；创建了"深圳国际先进科学技术会议——太赫兹科学技术"，该会议被国际公认为太赫兹领域的"高登会议"（Gordon Conference）；创办了世界第一个太赫兹国际期刊《Terahertz Science and Technology》建立了中国太赫兹研发网（www.thznetwork.org.cn），该网站被国际学术界公认为四大太赫兹网站之一；2010年12月，在中国科学院学部学科发展战略研究项目的支持下，电子科技大学又建立了太赫兹学科发展战略研究基地。

4）国内目前有30多家单位从事太赫兹科学技术研究，已经形成一支具有相当规模和实力的研究团队。

二、我国太赫兹科学技术与国际差距

纵观国际太赫兹科学技术发展，世界多个发达国家已从国家层面设立了太赫兹研究计划。美国于2006年将太赫兹科学技术列为重点研究学科领域，从国家层面上实施一系列研究发展计划，对太赫兹科学技术发展给予了大规模的资金支持。欧盟组织了多个太赫兹跨国大型合作研究项目，主要针对太赫兹无线通信、国家安全等应用领域，重点开展大功率宽带太赫兹源、探测器件和应用系统的关键技术研究。日本自2005年决定实施日本十年国家科技发展战略规划，将太赫兹科学技术列为十大核心科学技术之首，如今已形成了大型企业与研究单位和高校联合攻关的体系。韩国于2010年3月也设立了一个全国性的太赫兹科学技术重大研究计划，并制订了十年发展规划。

在太赫兹科学技术产业化方面，美国、欧洲、日本太赫兹科学技术产业化已初具规模，目前已有近百家公司生产、出售太赫兹产品。已研发出数部雷达系统、机场安检系统，并开始试运行。2011年10月2日到7日，在美国休斯敦市召开的第36届国际红外、毫米波与太赫兹（IRMMW-THz）会议上，共有24个太赫兹相关企业赞助参会，且一些企业家还担任了分会主席并进行了特邀报告，可见国际上太赫兹产业化已形成并迅速发展。

与国际太赫兹发展相比，我国太赫兹科学技术还存在一定差距，主要体现在以下两方面。

1）国内太赫兹核心关键技术还需进一步大力发展。目前国内研究单位研究过程中所使用的太赫兹核心元器件和测试设备绝大部分需从国外进口，国外重要产品的禁运在一定程度上影响了我国太赫兹科学技术的发展。因此，进一步加大对太赫兹科学技术研究的投入，攻关太赫兹核心关键科学技术，是十分紧迫和非常必要的。

2）与国外相比，相关研究还存在投入力度不足、重点不突出和较为分散等问题。国内太赫兹科学技术虽得到了863、973、国家自然科学基金等研究项目的大力支持，但是由于近年来太赫兹科学技术在全球范围内的持续升温，国内研究单位数量也出现大幅增长，因此投入经费较为分散，缺乏统一的规划，无法形成一个有效、系统的研究体系甚至出现无序竞争和低水平重复研究工作等情况。而国际科研强国均有各自的全国性的科研计划，集中优势单位进行太赫兹核心技术的联合研究攻关。

三、我国太赫兹科学技术发展建议

1）尽快制定全国性太赫兹科学技术长期发展战略规划，设立全国性的重大研究计划，加强对太赫兹科学技术的投入力度，集中优势力量，重点攻关，在重大科学问题上有所突破，取得具有国际影响的原创性成果。建议科技部设立973计划重大科学问题导向项目；国家自然科学基金委员会设立重大研究计划加大对我国太赫兹科学技术的支持力度。建议形成如图1所示的我国太赫兹科学技术发展规划框架图。

2）加强太赫兹核心关键技术的研究力度，突破制约太赫兹科学技术及其应用发展的瓶颈：辐射源、探测及相关功能器件。形成具有自主知识产权的元器件的研发能力，打破国外技术封锁。开发具有重要前景的太赫兹应用系统，联合国有大中型企业，逐步推动我国太赫兹技术产业化的发展。

3）重视太赫兹科学技术人才队伍的建设和培养，在国内造就一支年龄结构合理、高水平、相对稳定的人才队伍。大力加强和推动国际国内合作。

4）进一步加强我国现有的太赫兹科学技术研发平台，加强各个太赫兹重点实验室建设，加强太赫兹网站、太赫兹国际杂志建设，切实把太赫兹学科发展战略研究基地建设好，为我国乃至全世界太赫兹科学技术发展做出贡献。

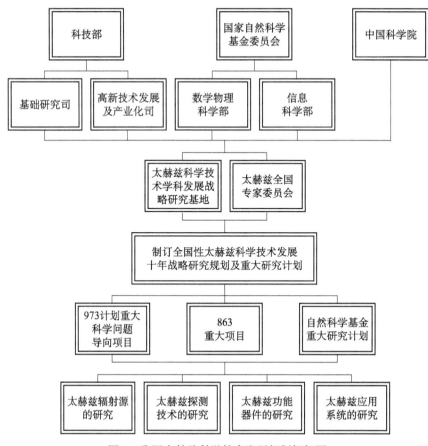

图 1　我国太赫兹科学技术发展规划框架图

（本文选自 2012 年咨询报告）

咨询组成员名单

刘盛纲	中国科学院院士	电子科技大学
杜祥琬	中国工程院院士	中国工程院
陈佳洱	中国科学院院士	北京大学
周炳琨	中国科学院院士	清华大学
李衍达	中国科学院院士	清华大学
刘汝林	副理事长	中国电子学会
杨国桢	中国科学院院士	中国科学院物理研究所
左铁镛	中国工程院院士	北京工业大学

吴培亨	中国科学院院士	南京大学
郭光灿	中国科学院院士	中国科学技术大学
樊明武	中国科学院院士	华中科技大学
范滇元	中国工程院院士	中国科学院上海光学精密机械研究所
陈创天	中国科学院院士	中国科学院理化技术研究所
姚建铨	中国科学院院士	天津大学
吴以成	中国工程院院士	中国科学院理化技术研究所
涂铭旌	中国工程院院士	四川大学
荣廷昭	中国工程院院士	四川农业大学
沈德忠	中国工程院院士	清华大学
隋森芳	中国科学院院士	清华大学
吴一戎	中国科学院院士	中国科学院电子学研究所
李乐民	中国工程院院士	电子科技大学
刘濮鲲	教　授	中国科学院电子学研究所
杨炳忻	教　授	香山科学会议秘书长
谢维信	教　授	深圳大学
杨晓波	教　授	电子科技大学
侯碧辉	教　授	北京工业大学
杨冬晓	教　授	浙江大学
常胜江	教　授	南开大学
张存林	教　授	首都师范大学
赵国忠	教　授	首都师范大学
曹俊诚	研究员	中国科学院上海微系统与信息技术研究所
盛政明	研究员	中国科学院物理研究所
汪　力	研究员	中国科学院物理研究所
刘峰奇	研究员	中国科学院半导体研究所
崔一平	教　授	东南大学
崔铁军	教　授	东南大学
周美玲	教　授	北京工业大学
王金淑	教　授	北京工业大学
刘伟伟	教　授	南开大学
徐德刚	副教授	天津大学
金飚兵	教　授	南京大学
施　卫	研究员	西安理工大学

唐传祥	教　授	清华大学
史生才	研究员	中国科学院紫金山天文台
俞俊生	教　授	北京邮电大学
裴继红	教　授	深圳大学
熊永前	教　授	华中科技大学
裴元吉	研究员	华中科技大学
黄婉霞	教　授	四川大学
李德华	教　授	山东科技大学
刘　淳	处　长	中国航天科工集团第二研究院二十三所
王宏建	研究员	中国科学院空间科学与应用研究中心
陈洪斌	研究员	中国工程物理研究院十所
方广有	研究员	中国科学院电子学研究所
李　飚	教　授	国防科学技术大学
赵增秀	教　授	国防科学技术大学
吕　昕	教　授	北京理工大学
皮亦鸣	教　授	电子科技大学
李少谦	教　授	电子科技大学
张怀武	教　授	电子科技大学
杨梓强	教　授	电子科技大学
鄢　扬	教　授	电子科技大学

咨询组秘书

张雅鑫	副教授	电子科技大学
钟任斌	讲　师	电子科技大学
张　平	博士生	电子科技大学
杨正蓉	科　员	电子科技大学

水物理化学问题及其在环境保护
与新能源中的应用
——发展我国水基础科学研究的建议

王恩哥　等

水是自然界最丰富、最基本、最重要的物质，然而水也是人类研究得最多却又最不了解的物质。清洁水资源是人类 21 世纪的最大挑战之一，特别是对于广大的发展中国家，这一点在我国表现得尤为突出。另外一方面，水分子由氢和氧组成，吸收足够的能量可以分解成氢气和氧气，而氢气燃烧又生成水，因此可以作为一种可再生清洁能源的载体和工作介质。如果能够更方便地实现这个过程，无疑会使能源工业的可持续发展成为可能。不管是在关乎基础民生的水净化方面，还是在作为高科技发展的可再生能源获取和利用方面，水科学基础研究都起着关键作用。目前制约这些方案投入大规模应用的瓶颈问题是缺乏价格低廉、高效率的材料和器件，亟须从基础研究的层面，特别是水与材料界面相互作用机理的研究上寻求突破。

由于全球人口的快速增长，地球环境和水资源面临着巨大压力。饮用水安全已经成为影响人类生存与健康的重大问题。这些问题在发展中国家最为突出。作为正在崛起的发展中大国，我国的水污染问题已经严重地影响了工农业的发展、生态环境的协调和人民生活质量和身体健康。每年因生活污水和工业污染的直接排放而造成的水域污染日益严重。随着工业废水、城乡生活污水、农药、化肥用量的不断增加，许多饮用水源受到污染，水中污染物含量严重超标。由于水质恶化，直接采取自地表水和浅层地下水的城乡居民饮水的质量和卫生状况难以保障。伴随着我国加入世界贸易组织及贸易的全球化，由高毒性难降解有机污染物等新型污染物造成的相关产品进出口贸易壁垒和障碍也越来越明显。目前，水清洁和供给形成了一个巨大的产业，其规模约为 2500 亿美元 / 年，预计到 2020 年规模为 6600 亿美元 / 年。

2011 年 5 月 19 日，八国集团和印度、巴西、墨西哥等 13 国的国家科学院发表联合声明，指出水和与水有关的健康问题极大地影响了人们的经济活动和社会发展，以及教育和公共卫生事业。声明强烈呼吁各国政府加强建设水卫生处理基本体系，提升教育水平，以及资助研究低价、有效的水处理技术和相关疾病的预防方法。

2011年1月29日中共中央、国务院的"一号文件"发布，其主题是"关于加快水利改革发展的决定"，这是新中国第一次系统全面地部署水利改革，彰显当前决策层对水问题的关注。国家"十二五"发展规划亦强调关注民生、实现跨越式发展。因此，积极布局、加速发展我国水科学的基础研究，对促进我国民生建设，保障国家安全，实现国家中长期科学和技术发展规划纲要目标，提高我国经济、尖端科学、重大工程等方面的发展水平，具有十分重要的战略意义。

一、水基础科学面临巨大挑战

1. 水科学基础研究关乎国计民生，具有重大意义，但在国家战略层面缺失足够关注，研究尚处于自发状态，学科体系不完整，缺少对水基础科研活动的系统组织、引导和支持，对水基础科学战略地位、深度和广度缺乏认识

当人们礼赞我国经济发展奇迹的时候，水资源短缺等"软约束"作用日益显现。在我国经济建设不断发展的同时，做好环境保护工作防止水体污染，发展先进、可行的饮用水源治理技术，提高饮用水质量，对保护人民健康和发展经济具有重要意义。

要解决水资源安全利用（环境和能源）的技术瓶颈问题，迫切需要开展对水科学的基础研究，特别是研究水和表面界面相互作用的基本形式和规律。比如，能否找到安全无毒且高效耐久的水净化材料应对和处理水质危机？能否设计低廉高效催化剂利用光和水制氢或氢化合物？具体来说，要找出合适低价的水清洁材料，要进一步提高半导体材料的光能转换效率，降低水清洁和能源转化器件的成本。这需要研究包括材料表面和水的相互作用，表面水的微观结构，新材料的浸润性、化学活性、稳定性、表面水光电分解机理等。这一系列问题涉及表面、化学、材料等众多学科，需要从基础研究的层面寻求突破。水问题的研究（如水分解与水清洁等）是一个非常复杂的项目，水科学基础与应用基础研究约占整个水问题的10%左右，但是其影响会辐射整个水问题的方方面面。

目前，我国对水基础科学的战略地位缺乏认识，对水基础科学所涉及层面的深度、广度理解不足。由于清洁水资源有限、水污染等恶性事故突发，有人说：（清洁）水更主要是发展中国家的问题。相比于西方发达国家，我国对水基础科学问题的关注和投入有限，这与水问题在我国社会蓬勃发展中起到战略作用的地位不符，与我国在世界上所处的地位不符。我们必须清醒地认识到这一点。

2. 缺少从国家战略层面对水科学基础理论和实验技术发展的统一规划，甚至存在片面地以水资源研究发展规划替代水基础科学发展规划的现象

目前，我国对水科学基础理论研究和实验技术发展尚无统一的规划和引导，对于水基础科学这种处于战略地位的科学研究仍是放任自流的状态。这种状况对于一般性的基础科学问题和科学发展暂时可能并无大害，但是对于水这种关系到国计民生，且处于紧迫状态的基础科学问题的解决会带来不利的影响和相当的破坏。

更令人担忧的是，目前有以水资源研究发展规划简单代替水基础研究发展规划的倾向，这会造成很大的迷惑和更大的危害。水资源的研究和发展是属于宏观尺度的水科学研究，偏向于工程调节和工程应用，常常不涉及水分子的结构和性质本身，不涉及水与物质作用的机理和机制。但是，水资源研究所需要的水科学基本知识从哪里来？当然是从水科学基础研究中来。水科学基础研究不同于水资源开发研究，前者是为后者提供重要、必要的科学基础的一门科学。水资源研究的发展常常需要在水基础科学层面产生突破，才有可能革新现有水资源水工程处理技术，发明新的污染水处理方法，应对水资源枯竭和水污染所带来的挑战。目前我国从事水基础科学研究的专门研究机构或平台亟待加强。

3. 在水科学基础研究方面缺少开发研制新材料进行水污染处理、水分解的长期目标

目前我国对于开展水基础科学研究、发现研制水污染处理新材料的重要科学方向没有统一的规划和长期的目标，现有的零星研究缺乏明确的目标导引。发展水科学基础研究的目的在于为潜在的新应用、新技术的发展打下基础，特别是在基于研究理解水和物质相互作用的基础上开发新材料，争取对关系到重要民生问题的水污染治理、清洁水处理有重要贡献。开发研制面向这些重大应用的水处理新材料，并制订长期的发展规划和目标任务是当务之急。

4. 缺乏在分子甚至原子层次上深入研究水／材料界面反应物理机制的实验仪器和手段

水基础科学研究一个最重要的方面是研究水分子和其他物质的相互作用，而水与外界的作用是通过界面实现的，这就需要研究一些界面上水的性质和水本身的界面性质（统称为"界面水"的性质），而且深入理解这些相互作用需要从微观上特别是原子分子层次上，探索界面水的微观结构和电荷分布、转移等规律。界面水的研究难度较大，而且由于水和表面、水分子间的相互作用较一般化学键弱，

界面结构很容易在实验探测中被破坏。需要大力发展对界面敏感、非破坏性的实验方法和手段，如和频振动光谱技术等非线性光学方法、新型扫描探针技术等。

5. 国家层面缺少对研究和产业的统筹规划

一方面片面地追求低层次的应用，缺乏从基础研究的角度突破现有思想、体系和方法。另一方面，某些基础研究还有追求发表低水平论文的倾向，还没有与实际目标有机结合。由于当前我国对水基础科学的战略地位认识不足，对基础研究活动缺乏规划，对开发水处理新材料缺少目标导引和关键技术，在国家层面上对从水的基础科学研究到应用性研究发展，再到宏观性水资源治理等一系列的研究活动和相关产业发展没有统一的规划和管理。各环节之间脱节现象严重，而不能形成通畅、有效的交流和相互促进，影响整个水科学的健康发展。具体表现为：产业应用上，片面追求低层次的宏观应用，缺乏从基础研究的角度突破现有思想、体系和方法；现有的某些水基础科学研究还有追求发表低水平论文的倾向，还没有和实际应用形成良性循环。

6. 学科交叉型人才严重短缺，对未来从事水科学基础研究的人才培养和储备不够

水科学是涉及物理学、化学、材料学、生物学和工程学等众多学科的一门综合性学科。由于科学技术的进步和水环境污染的复杂性，从事水科学研究的科研人员需要具备物理学、化学、生物学、材料学、工程学等多方面的基础知识，才能很好地进行水科学相关的研究工作，这对从事水科学研究人才的培养提出了较高的要求。

目前，国内外从事水科学研究的人员多半是以给水排水、环境工程或其他相关工程学科为背景。这类学科的人才培养多以解决水污染控制工程中的实际问题为导向，偏重于实践知识的学习和工程应用，而在水科学研究所需的学科基础知识方面有较大的欠缺，缺乏认识、分析和解决水科学基础问题的知识背景，尤其是在物理和化学等基础学科方面的知识相对匮乏。因此，依靠现有模式和学科培养的人才，难以开展高水平的水科学方面的研究工作。

二、发展我国水科学基础研究的对策建议

为了加速发展我国水基础科学研究，我们建议：尽快设立国家重大研究专项，建立起以水科学基础研究和在环境、能源中的应用基础研究为核心的国家级研究平台，统一策划、组织和领导我国水科学的发展问题。

1）制定我国水基础科学的整体发展战略、目标，根据国家总体发展情况和

需求制订中长期发展计划。制定我国水基础科学规划这一平台，应以组织、协调全国水科学基础研究力量，统一策划、组织和领导我国水基础科学的发展问题为中心任务。着重于促进社会各界，特别是环境资源部门、产业界和科学界对水科学基础研究的重视；建立从基础研究、材料开发研制到工业生产应用、全国的水资源和水环境治理改善等一系列环节的交流沟通和互相促进的渠道；加强满足未来水科学基础研究需要的具有一定知识深度和广度的学科交叉人才的培养；规划我国水基础科学的整体发展战略和目标，根据国家总体发展情况和需求制订中、长期发展计划。

2）遴选水基础科学研究中的若干关键问题，明确主攻方向，争取重大突破。对于以下关键问题应当加强研究：①水在材料表面／界面上的微观结构和动态行为；②水中污染物的光消除；③界面纳米水膜研究；④水光催化分解能量转化过程和新材料。

3）大力加强研制有重要意义的挑战性核心技术。研究水科学基础问题，大力发展有重要挑战意义的核心技术刻不容缓。主要包括：①和频振动光谱技术等非线性光学方法；②新型扫描探针技术；③表面飞秒双光子能谱；④飞秒激光光谱与 STM 技术的结合；⑤同步辐射光学方法；⑥精确理论计算方法。

4）大力推进水基础研究和清洁水、清洁能源工业应用项目的结合，加强与气候、地理、能源、纳米技术等相关学科的协作，联合各个水基础和应用科学的研究团体，逐步建立从基础研究到实际应用的统一体系，推动我国水科学技术方面的创新和可持续发展。

5）大力培养水基础科学的多学科交叉型人才。水科学研究是一项长期的十分艰巨的任务，一定要放到国家的层面上综合考虑和全面部署。培养水科学研究的未来人才计划需要马上制订和落实。这方面的任务主要是理论模型建立与模拟计算、表面物理分析、材料制备与表征、光学／电子学测量与技术、化学与环境科学等多个领域人才的培养，包括高水平人才的引进、各层次人才梯队的建设、承担大型研究任务队伍的凝练等。目的是培养出包括顶尖领军人才的多学科、多层次人才队伍，推动具有高度导向性的水科学的基础研究，促进我国水环境工程与新能源工业的发展。考虑到我国水科学研究的人才需求和学科设置的现状，建议选择几所理工科实力雄厚的高校，比如北京大学、中国科学技术大学和复旦大学等进行试点，培养未来从事水科学研究的高层次人才，实现：①宽理化基础培养的理论教学；②高科研素质、创新人才发展的实践教学；③以本科教育为基础的本—硕—博水科学研究人才培养体系。

（本文选自 2012 年咨询报告）

咨询组成员名单

王恩哥	中国科学院院士	北京大学
沈元壤	中国科学院外籍院士	美国加利福尼亚大学伯克利分校
陈立泉	中国工程院院士	中国科学院物理研究所
杨国桢	中国科学院院士	中国科学院物理研究所
孟　胜	研究员	中国科学院物理研究所
潘　纲	研究员	中国科学院生态环境研究中心
胡　钧	研究员	中国科学院上海应用物理研究所
郭沁林	研究员	中国科学院物理研究所
郭建东	研究员	中国科学院物理研究所
吴克辉	研究员	中国科学院物理研究所
陆兴华	研究员	中国科学院物理研究所
孟庆波	研究员	中国科学院物理研究所
李　泓	研究员	中国科学院物理研究所
白雪冬	研究员	中国科学院物理研究所
王文龙	研究员	中国科学院物理研究所
江　雷	研究员	中国科学院化学研究所
赵进才	研究员	中国科学院化学研究所
廖尤存	研究员	中国科学院生态环境研究中心
杨学明	研究员	中国科学院大连化学物理研究所
胡勇胜	研究员	中国科学院物理研究所
吴自玉	研究员	中国科学院合肥同步辐射中心
方海平	研究员	中国科学院上海应用物理研究所
陈立桅	研究员	中国科学院苏州纳米技术与纳米仿生研究所

青海盐湖资源综合利用报告

何鸣元　等

一、青海盐湖资源是我国极为重要的战略资源

以钾、镁、锂、硼等为代表的盐湖资源在高效农业、信息、新能源、有色金属材料、环保等产业中有着广泛的应用。世界上科技发达国家和地区（美国、加拿大、日本、欧盟）正将盐湖视为同稀土一样的战略资源来进行科学、可持续开发与平衡利用。

1）青海盐湖资源利用关乎我国的粮食安全。青海盐湖钾储量占我国已探明钾总储量的 96% 以上，是我国重要的钾肥生产基地和原料供应基地，盐湖钾肥的生产直接影响到我国的粮食安全。

2）青海盐湖资源利用关乎我国的能源安全。科学家普遍认为发展高效清洁的二次能源与核能将是解决人类能源问题的最有效途径，锂及其同位素在储能材料和未来的热核聚变中占有重要地位。能否在富含氯化镁的盐湖资源中有效提取锂及其同位素，对我国未来能源安全影响重大。

3）青海盐湖资源利用关乎我国的环境安全。我国镁资源总量约占全球储量的 1/3，盐湖镁盐总储量超过 30 亿吨，但未得到有效的规模利用，且每年因提钾还要遗弃超过 2000 万吨镁盐，不仅浪费了大量优势资源，而且造成了极大的环境压力，严重威胁着青海乃至全国的环境安全。

4）青海盐湖资源利用关乎青海的民生改善。青海仅柴达木盆地就有 32 个盐湖，天然无机盐类储量达 3832 亿吨，其中氯化钠、氯化镁、氯化钾储量均居全国首位，潜在经济价值巨大。其有效开发和利用对青海产业发展有重要的促进作用，有助于增强青海的经济实力，为提高青海民族地区人民生活水平提供坚实的经济基础。

5）青海盐湖资源利用关乎我国的西部稳定。地理区位决定了青海对于西藏、新疆的稳定具有十分重要的战略意义。青海经济和社会的发展能增强对西藏、新疆的辐射作用和示范影响，有利于我国西部的稳定。

二、青海盐湖资源开发利用现状

| （一）优势 |

新中国成立后，国家十分重视矿产资源开发，青海盐湖卤水矿产作为主要资源，其选采业得到了飞速发展。十一届三中全会后，青海省委省政府提出"改革开放、治穷致富、开发资源、振兴青海"的经济发展战略，矿业资源开发进入快车道，盐湖化工产业从量变到质变，取得长足进步。西部大开发政策实施后，盐湖工业产业群发展迅速，盐湖资源和天然气资源互为利用的产业链建设初具雏形，展示了盐湖产业的良好发展势头。

1. 资源利用规模不断扩大，成为中国最大盐湖钾肥生产基地

新中国成立 60 多年来，盐湖矿业有了较大发展，先后建成了一批资源开发骨干企业，生产规模和生产能力不断扩大，尤其是钾肥生产规模不断扩大，钾肥工业已经成为青海省的支柱产业之一。例如，青海盐湖钾肥股份有限公司现有生产能力为 60 万吨，2012 年其控股子公司青海盐湖发展有限公司将新建 100 万吨钾肥产能装置，建成后盐湖钾肥与盐湖集团全部钾肥产能将突破 300 万吨。青海盐湖已成为我国最大的盐湖钾肥生产基地。

2. 资源利用技术不断提高，资源开发经济效益提升

盐湖资源开发企业积极开展技术创新，并与科研院所合作，不断引入先进生产技术，资源开发利用技术得到了长足进步。例如，青海盐湖工业集团股份有限公司与华东理工大学开展合作，共建了国家盐湖资源综合利用工程技术研究中心。"反浮选－冷结晶"工艺技术等多项科技成果有力地推动了钾肥工业的快速发展与技术水平提高。

3. 盐湖产业链条不断延长，逐步向循环经济转型

随着盐湖钾肥生产规模的扩大，盐湖伴生资源开发受到各界重视，盐湖资源利用开始向资源循环利用、综合利用模式转变。2005 年 10 月在青海省设立的柴达木循环经济试验区遵循循环经济发展理念，统筹资源集约利用与产业协调发展，构建以盐湖化工为核心的六大循环经济主导产业发展体系，形成各产业间纵向延伸、横向拓展，资源、产业和产品多层面联动发展的循环型产业格局，是全国首批循环经济试点产业园区之一。

| （二）存在的问题 |

从目前的实际情况看，盐湖资源开发过程中还存在着一些问题，主要表现在以下三方面。

1. 产品结构单一，资源利用不平衡

目前我国盐湖资源主要采取以生产钾肥（氯化钾）和制盐（氯化钠）为主的单一化开发模式，其他共生及伴生矿产资源的有效利用程度很低，青海盐湖产出的盐化工产品仅 10 余种。对除钾以外的其他盐湖资源，多数盐湖企业以销售原矿为主，未进行共（伴）生资源的综合开发利用，按每生产 1 吨氯化钾要排放老卤 10~12 吨计算，则年排放老卤 5000 万米^3 以上，造成资源的浪费。现有镁产品结构单一，氢氧化镁在我国环保和阻燃剂领域的需求量，据预测到 2015 年不会超过 50 万吨，市场容量有限；据国际市场分析，金属镁的份额约占镁基产品总量的 15%~20%，而且其生产相对能耗较高。镁资源利用不宜过于强调某单一品种，目前资源利用的不平衡、产品结构的单一化，不但造成了镁等资源的巨大浪费，而且会破坏盐湖卤水平衡，对盐湖矿区的工程建筑和交通道路也会造成危害，对生态环境造成破坏。

2. 人力资源薄弱，技术支撑不充分

青海省本地人力资源平均受教育年限仅 6.1 年，低于东部沿海 8.4 年、全国 7.6 年、西部 6.7 年的水平。高等教育和培训资源少且专业学科设置不全，专业人才供给不足。由于我国盐湖矿产资源蕴藏的特殊性，国际上许多发展成熟的盐湖开发技术不适合我国盐湖资源开发，高 Mg/Li 质量比条件下实现盐湖直接提取氯化锂、硫酸型盐湖直接提取硫酸钾、低品位硼矿富集除杂提硼等技术至今未能在关键生产工艺上取得实质突破；伴生资源利用技术、节能节水技术、新产品开发、高效生产设备研发、适合当地资源特点的氯气平衡、硫酸平衡方法等技术需求迫切。人力资源薄弱、现有技术成果转化不畅、关键技术储备不足严重制约了青海盐湖资源产业链及产品结构的优化升级。

3. 协调机制欠缺，相关政策不配套

青海盐湖资源利用需统一的、强有力的领导和管理。宏观调控不力、政策协调不到位易造成区域布局上条块分割，如察尔汗盐湖铁路以东的许多小企业，由于没有统一管理，造成开挖沟槽、集卤渠等布局不合理，争抢资源现象严重，导致对资源和环境的破坏。产业发展相关政策相互配套性需加强，如矿产资源管理规章制度、政府的财政、税收政策与产业调整政策间尚未形成互动机制，未形成

资源综合利用的联合效应。

三、实现青海盐湖资源综合利用的基本思路

1. 指导思想：平衡开采、综合利用、惠及民生、服务国家

以科学发展观为指导，坚持生产发展、生活富裕、生态良好的文明发展道路，建设资源节约型、环境友好型社会，以青海盐湖资源的平衡开采、综合利用和可持续发展为方向，通过提升技术水平，转变经济增长方式，健全政策机制，统一规划协同行动，提高资源综合利用水平和效率，以资源开发促进青海经济发展、改善民生、带动西部地区发展，保障我国粮食安全、能源安全和环境安全，构建社会主义和谐社会。

2. 基本原则：环境相容、技术可行、经济有利、社会有益

坚持节约资源和保护环境的基本国策、经济发展和人口资源环境相协调的和谐理念，在资源承载力范围内，以先进生产技术为保障，不断提高青海盐湖资源的经济效益，在良好生态环境中生产生活水平不断得到改善和提高，实现社会、经济、自然的和谐发展。

3. 基本思路：立足自身、把握关键、注重平衡、稳步推进

本项目基于对盐湖资源利用中主要矛盾的认识与把握，认为要从根本上解决盐湖资源综合利用必须首先将盐湖资源作为战略资源进行管理，立足盐湖自身特点和国内外经济社会发展实际，在钾资源平稳利用的基础上，以镁资源的有效利用为切入点，重点发展镁资源，同时兼顾锂、硼等资源和氯平衡问题。

（1）镁资源利用要重点发展

青海盐湖适于开发提取镁资源。作为世界盐湖资源丰富的三大地区之一，我国盐湖与北美的富钾型、南美的富锂型盐湖不同，主要为富镁型。例如，储量最大、开发最早、开发程度最高的青海柴达木盆地的察尔汗盐湖 Mg/Li 质量比高达1837、大柴旦盐湖为 114，十分适于开发和提取镁资源。

镁资源的有效利用是解决盐湖资源综合利用的关键。青海盐湖中镁含量高，每提取 1 吨钾将产生 8~10 吨氯化镁，随着高镁卤水回灌，盐湖资源组成发生变化，导致盐湖自然环境及开采环境日渐恶化，严重影响钾、锂等资源利用的经济性与资源平衡开采。

只有大力发展镁基产品群，延长自镁资源至终端产品的链条，有效解决镁资

源高效利用这一主要矛盾，使盐湖镁产业发展到与盐湖钾肥等产业相匹配，才能实现盐湖资源的综合利用，真正走上循环经济的发展模式。

（2）钾资源利用要平稳推进

据估算，我国农作物钾肥市场需求量约为 460 万吨氧化钾，加上工业用钾和合理库存，总的钾肥需用量约为 649 万吨氧化钾。目前国内资源型钾肥总生产能力约 320 万吨／年（氧化钾），能满足国内市场 50% 左右的需求量。为保证我国粮食安全、钾肥自给率的提高，在未来一段时间内我国钾肥产业尚需持续增产。2009 年 5 月国务院《石化产业调整和振兴规划》中，将钾肥发展目标定为：2011 年产量 400 万吨（折纯氧化钾）、2015 年钾肥产能 450 万吨氧化钾。青海盐湖是我国重要的钾肥生产基地，在可持续开采的前提下，有效开发和稳步利用青海钾盐矿资源，对缓解国内钾肥市场供需矛盾，降低钾肥进口依赖程度，保障我国粮食安全具有重要意义。

（3）氯平衡问题要妥善解决

盐湖资源开发从单一钾资源开发逐步进入钾、钠、镁、锂等资源综合利用阶段。在钾、钠、镁等大宗阳离子资源的综合利用程度不断提高的同时，不得不考虑大宗阴离子氯的综合利用问题。例如，以氯化钠为原料，在利用索尔维法生产纯碱的过程中会副产大量的碱渣和氯化钙；利用电解法生产烧碱会副产氯气；以氯化镁为原料生产高纯氧化镁和氢氧化镁会副产氯化铵；利用电解法生产金属镁会副产氯气；以氯化钾为原料，利用电解法生产氢氧化钾的过程中也有氯气。氯的利用决定着盐湖钾肥的供给，决定着盐湖开发的深度与广度，决定着盐湖地区循环经济发展的进程及水平。解决不好氯平衡问题，盐湖资源开发只能停留在钾、钠、镁、锂初级产品层面，难以实现盐湖资源开发的重大突破及资源开发的"减量化、资源化和再利用"。

（4）锂、硼等资源要协同发展

青海盐湖锂、硼、铷、铯等资源丰富。青海盐湖锂盐保有储量 1392 万吨，居全国首位；硼 1175 万吨，居第 2 位；铷、铯伴生矿约 38 000 吨，居第 3 位。

锂、硼、铷、铯等资源在现代生产生活中的应用越来越广泛，除应用于传统领域外，已逐步应用于新能源、新材料、冶金、纺织、军工、航空航天、核工业等高科技领域。国际市场对锂的需求以每年 7%~11% 的速度持续增长。

卤水提取锂、铷等资源的过程复杂（例如，铷主要以伴生矿存在，常与其他碱金属元素共生，增加了提取难度），往往造成资源开发的经济性较低。只有改善工艺，提高资源利用的经济性，实现锂、硼等资源的协同利用，才能真正实现青海盐湖资源的综合利用、循环利用。

四、加强青海盐湖资源综合利用技术支撑的主要任务

1. 积极应用现有成熟技术，促进产业协调发展

整合现有盐湖资源综合利用的成熟技术，建议以重点企业为依托，设置国家科技支撑计划项目和高技术产业化示范项目，建立盐湖资源的产业升级与改造生产示范线。大力推进镁基产品开发利用的产业化部署，积极建立与拓展镁基产品群的市场空间，由单一品种的镁产品（氢氧化镁、氧化镁）发展为可广泛应用的大宗产品（镁质耐火材料、镁质建筑材料等）与精细高值产品（镁基功能材料）相结合的镁功能材料产品群，由局域性的产品市场发展为以青海为中心向周围辐射的跨区域、大半径的镁基产品市场。加大对盐湖镁、钾、锂、硼等资源综合利用示范项目的扶持力度。

2. 加强研究关键共性技术，保障产业健康发展

建议由科技部、国家发展和改革委员会等部署国家 863 计划、科技支撑计划重大项目和高技术产业化示范项目，解决盐湖资源利用的若干关键技术问题，例如：①镁化合物功能材料的结构设计与产品创新。根据市场需求，以产品应用方向与使用性能为导向，进行镁功能材料的结构设计与产品创新。②镁功能材料制备关键工程技术及产业化。利用超分子组装、表面分子工程、原位外延生长、无机–有机复合等先进制备方法，并通过创制高效成核／晶化隔离法、旋转液膜反应器快速成核技术、程序控温动态晶化技术、非平衡晶化技术等关键技术，获得系列镁功能材料的可控制备科学规律，掌握镁功能材料制备关键工程技术。

3. 尽早部署基础科学研究，支撑产业持续发展

通过组织实施具有前瞻性、探索性的重大科学研究项目，如 973 计划项目、国家自然科学基金重大研究计划项目等，认识盐湖资源的化学本质，解决盐湖资源利用的若干关键科学问题，包括：①建立盐湖开放复杂巨化学系统的动态相平衡及相转化模型，确定盐湖镁（最大）平衡转化率和在理论层面的失衡临界点，以及任意子系统在分离与反应耦合时组分的最大临界值；②针对盐湖开放复杂巨化学系统的特殊性，发展镁的高效分离方法学；③镁功能材料的分子结构设计与可控制备，重点解决以功能为导向的结构设计、以产品为导向的制备（组装）过程控制两大类关键科学问题；等等。

4. 加强研究开发基地建设，服务区域科学发展

建议以现有的盐湖资源综合利用技术创新战略联盟为基础，进一步扩大合作

范围，拓展功能，加强与企业、相关科研院所和高校的联合，形成产学研结合的、多种功能集成的研发基地。从基础研究、技术创新、成果转化不同阶段为盐湖资源综合开发提供全流程、系统化的科技支撑、人才培训等服务。

五、政策措施建议

1. 组织措施

成立部际协调小组，由国务院一位领导担任组长，国家发展和改革委员会、教育部、科技部、财政部、工信部、环境保护部、中国人民银行、青海省、中国科学院、中国工程院、国家自然科学基金委员会等为成员单位，主要任务是建立健全青海盐湖资源管理协调机制，统筹协调青海盐湖资源管理中的重大事项，实现国家对青海盐湖战略资源的管理，并考虑在青海省成立青海盐湖资源综合利用委员会，作为国务院青海盐湖资源综合利用部际协调小组的执行机构，对盐湖资源综合利用进行协调，落实国家有关盐湖资源综合利用的各种鼓励和扶持政策、限制和保护制度。

2. 制度措施

国家有关部委尽快制定相关政策，如通过实行配额制度、排污许可制度等，制定和颁布《青海盐湖资源综合利用管理条例》，对青海盐湖战略资源进行综合管理和保护。青海省应在与相邻省份协作的基础上制订盐湖资源综合利用发展规划，与科技部等部门合作编制盐湖资源综合利用的技术升级路线图，并认真抓好落实，促进青海盐湖资源综合利用。

3. 科技保障措施

针对青海省特点和盐湖资源产业特色，建立盐湖综合开发利用科技创新园、企业与高校和科研院所联合实验室、盐湖资源综合利用国家实验室、科企合作共建经营实体等多种运行方式；建立对科研院所、专家参与盐湖资源综合开发利用的奖励机制，企业对技术人员相关贡献的奖励机制，以及政府税收、财政补贴、信贷、土地出让等优惠措施，保障技术创新体系良性运转。

4. 人力资源措施

实施基础教育扶持工程，根据盐湖产业特点及发展，制订人才培养方案，开展省内高等院校专业建设和学科调整，大力发展职业教育，形成多形式、多层次、全方位的人才培养方式；积极探索建立"户口不迁、关系不转、双向选择、自由流动"的人才引进机制，挂职、聘任、科技项目合作、讲学、咨询、远程会诊等多种引智引才方式；设立盐湖化工产业人才引进基金，以开展"百名海外留学人员青海创业行"等活动为载体，不断拓宽人才引进渠道；完善盐湖人才管理、激励保障流动机制，改善人才工作生活条件，形成有利于人才脱颖而出的社会环境和产业环境。

5. 财政金融措施

通过整合公共财政、专项基金、企业投资、银行贷款及民间筹资等，建立全方位、多层次、宽渠道的融资渠道。完善生态系统税收制度、增收环境保护税，形成环境保护专用基金，实行税收减免和抵扣制度，引导企业实现资源综合利用、节约利用、可持续利用。国家设立盐湖资源开发利用补偿专项资金，体现国家对青海为国家所做贡献的肯定，同时支持青海改善民生、发展经济、构建和谐社会。

（本文选自 2012 年咨询报告）

咨询组成员名单

项目负责人

何鸣元	中国科学院院士	华东师范大学
段　雪	中国科学院院士	北京化工大学

咨询专家（以姓氏汉语拼音为序）

陈冬生	教　授	北京化工大学
付宏刚	教　授	黑龙江大学
何　志	处　长	青海省科技厅
胡迁林	副秘书长	中国石油与化学工业协会
胡玉青	处　长	青海省科技厅
贾优良	副所长	中国科学院青海盐湖研究所
柯昌明	教　授	武汉科技大学
李小松	总　裁	青海盐湖工业集团股份有限公司
李志宝	研究员	中国科学院过程工程研究所
鲁化一	研究员	中国科学院长春应用化学研究所
马海州	所　长	中国科学院青海盐湖研究所

马重芳	教　授	北京工业大学
史文芳	副秘书长	中国有色工业协会
水中和	教　授	武汉理工大学
王　钢	总经理	青海弘川化工实业有限公司
王明明	教　授	北京化工大学
王　坪	副总经理	青海弘川化工实业有限公司
吴　蝉	局　长	青海省专利局
吴少鹏	教　授	武汉理工大学
解　源	厅　长	青海省科技厅
于建国	教　授	华东理工大学
余剑英	教　授	武汉理工大学
张洪杰	研究员	中国科学院长春应用化学研究所
张密林	教　授	哈尔滨工程大学
张钦辉	教　授	华东理工大学
周　毅	副总经理	中国昊华工程公司
周　园	副处长	中国科学院青海盐湖研究所

顾问专家（以姓氏汉语拼音为序）

陈小明	中国科学院院士	中山大学
费维扬	中国科学院院士	清华大学
冯守华	中国科学院院士	吉林大学
高　松	中国科学院院士	北京大学
洪茂椿	中国科学院院士	中国科学院福建物质结构研究所
姚建年	中国科学院院士	国家自然科学基金委员会
袁承业	中国科学院院士	中国科学院上海有机化学研究所
张彭熹	中国科学院院士	中国科学院青海盐湖研究所

新材料产业体系建设咨询研究报告

师昌绪 等

材料是人类社会生存和发展的物质基础。新材料是指以高端金属结构材料、特种金属功能材料、先进高分子材料、新型无机非金属材料、高性能复合材料等为代表的新出现的具有优异性能和特殊功能的材料，或是传统材料由于成分或工艺改进而性能明显提高或具有新功能的材料。新材料是产业发展的先导，对国民经济发展、国防军工建设和节能低碳目标的实现起着关键支撑作用。为了实现从经济大国走向经济强国，加快培育和发展新材料具有重要的战略意义。

目前我国在材料科学研究方面取得了较大的进展，从发表的论文数量来看，名列世界前茅，但在新材料产业体系建设方面令人担忧。2011 年工信部对我国 30 余家大型骨干企业进行的新材料需求调研情况表明：在所需的 130 种关键材料中，约 32% 国内完全空白，约 54% 国内虽能生产，但性能稳定性较差，只有 14% 左右国内可以完全自给，这种状况严重制约了战略性新兴产业的发展。

为此，中国科学院和中国工程院联合成立了咨询项目组，组织了百余位院士、专家、政府部门主管人员和新材料企业负责人，对我国新材料产业体系的发展情况进行了调研，着重对重大工程用结构材料，包括钢铁、有色金属、无机非金属、高分子及复合材料等和信息功能材料、新能源材料、特种功能材料、稀土及功能陶瓷材料、生物医用材料等进行了分析。项目组历时 6 个月，形成了《新材料产业体系建设咨询研究报告》，这份报告与 2011 年 10 月工信部所颁布的《新材料产业"十二五"发展规划》相辅相成，其重点在于找出发展新材料产业存在的问题和提出实施办法的建议。

一、新材料产业现状和存在问题分析

| （一）结构材料 |

结构材料是制造受力构件所用的材料，是重大工程、基础设施和各类装备的主体构架材料。结构材料与其他产业的关联度高，尤其与装备制造业关系密切；产业链长，涉及面宽；产业技术集中度高，投入大；研发周期长，从研究到成熟生产往往要经历十几年甚至几十年的时间。

我国结构材料产业经过几十年特别是近20年的发展，取得了令人瞩目的成绩：材料品种比较齐全，生产能力和产量大幅提升；技术改造的力度大、投入多，生产设备和基础设施迅速改善；一批新材料新成果获得应用，有力地支撑了我国的工业经济和国防建设。

但是，我国结构材料产业的总体水平还不高，主要存在四个方面的问题。

1）高端材料自给率不高，近三成材料完全空白，如高速列车车轮车轴、700℃超超临界发电用高温材料、超级工模具钢、高硅电工钢、高性能不锈钢及高性能镍基高温合金、高强高韧铝合金及其焊材、钛合金挤压型材、低碳长寿高效功能耐火材料、高性能陶瓷纤维、高性能工程塑料及高模量碳纤维等材料和关键零部件依赖进口。

2）大量材料的品质较低，近半数材料，如核电蒸发器用GH690合金管材、大型船用低速柴油机曲轴、加氢反应器用钢、120毫米以上厚板、高性能重载齿轮钢、高性能耐磨板、大尺寸铝合金板材、高性能钛合金管材、高强高导铜合金线材、基于二次资源利用的耐火材料、高纯碳化硅陶瓷热交换管、大尺寸 C/C 热场部件、聚碳酸酯、耐高温半芳香尼龙、聚酰亚胺、聚醚醚酮等虽能生产但质量不稳定。

3）已成熟产业化的材料中，如普通钢材、铝合金、耐火材料等的生产过程中存在资源利用率低、能耗高及环境污染严重等问题。

4）新材料从研发到应用缺乏系统数据库、公正的检测评价、标准研究等制约了材料自主设计研发到产业化的形成。

| （二）功能材料|

功能材料是指以声、光、电、磁、热和化学效应为主要性能特征和应用要求的一类材料，它们是各类重大工程、重大装备和设施、前沿尖端产品实现各种功能特性的基础，是国家高技术实力的主要体现。

我国功能材料产业经过几十年的发展取得了长足进步，一些领域已经达到国际先进水平，个别领域处于国际领先地位。但总体来看，我国功能材料产业与世界先进水平相比仍有较大差距，存在的问题主要表现在以下方面。

1）生产企业数量多，但规模相对较小，研发投入不足，研发原创性与自主技术创新力不强，缺乏核心知识产权，这也是我国众多材料资源优势不能转化为产业优势的主要原因。

2）新材料产品研发与产业化和应用推广脱节现象严重。一些高端产品虽然早已研发成功，但推广应用困难，难以实现产业化，相关产品几乎全部依靠进口。

43

3）新材料产业先进装备的研发和生产能力较弱，大量关键设备和检测仪器需从国外进口。

4）新材料从研发到应用缺乏系统性，以及相应数据库、检测、标准及应用验证体系支撑不足，严重制约了高端功能材料产业的发展。

结构与功能新材料产业存在这些问题的根本原因是我国没有形成真正完善的新材料产业体系，重复建设，良莠难分：国家层面缺乏对新材料产业系统部署，材料研发计划零星散落于各工业系统之中；政府和产业界忽视材料的研发和产业化规律，多年来材料与设计甚至制造同步进行，"材料先行"的理念从未得到真正落实；产学研用体系由于知识产权界定及企业对技术的掌握和需求没有真正形成，即使有新型材料出现，也很难得到推广。此外，对于材料标准研究和相关的分析测试、数据积累等共性问题在材料中的重要性认识不足，缺乏统一部署，导致了新材料产业基础不稳固，制约了新材料稳定生产和应用。

二、建立我国新材料产业体系的途径

1. 对现有材料进行梳理

我国在结构材料和功能材料方面已有一定基础，但在体制上存在缺陷，导致无序发展，产品良莠不齐，性能不稳定也不可靠，使用单位不得不依赖于国外，造成国产新材料的利用率只有14%。因此，首要任务是建立若干个重点材料产业化示范项目和测试基地。项目的选择要需求旺盛、难度大，发挥全国力量联合攻关；基地选择的条件要严格：作风正派、技术支撑能力强。国家授权测试基地定期对相关材料进行性能评比，使优良企业做大做强，在国际上有较强的竞争力。

2. 建立国家新材料数据库等

建立国家新材料数据库，制订新材料的国家标准，并和国际先进标准进行对比，用以激励国产新材料性能改进和品种不断更新。

3. 采用"材料基因组计划"模式开展"可以产业化的新材料"的探索

2011年，美国总统奥巴马为了提升先进制造业发展特别提出"材料基因组计划"，其目的在于加速新材料从设计到产业化和应用的历程（目标为周期缩短一半）。我国当前新材料的发展模式：一是需求拉动，材料科学工作者根据用户要求开发新材料，因为需求往往很迫切，很难做到工程化（生产工艺稳定、数据齐全）；二是根据科技人员的研究成果，很难发展成为可用的新材料，因为研究人员往往和用户脱节。因此，建议高端制造业设计人员和科技人员建立联系机制，一方面用户提出需求，另一方面科技人员估计实现的可能性。通过国家自然科学基金委员会和973、863计划共同或分别列项，加速从研发到小批量生产，缩短新材料工程化的历程。

4. 对新材料产业的扶持和激励政策

新材料品种多，而每种材料产量较少，很难自我发展，需要国家在财政、税收和金融等方面予以支持，以增强国际竞争力和持续发展。

如果上述各点得到顺利实施，在10~20年内我国可完成"新材料产业体系建设"，并做到"材料先行"和"军民结合"，为我国高端制造业和国防建设打好基础。

三、两 个 建 议

1. 设立国家级重大立项

在"十二五"期间设立国家"新材料产业体系建设"重大专项，并尽快启动，因新材料是我国已确定的战略性新兴产业之一，应该得到重视。

2. 设立"国家新材料指导协调委员会"

新材料涉及面广，种类繁多，从研究、生产到应用往往需要跨部门、跨行业，因而必须有一个统一的组织指导与协调才能实现有序快速发展。该委员会的任务包括：①确定我国亟须开发的重点材料领域；②遴选应优先考核和支持的重点材料领域；③评价重点材料产业化的结果；④组织实施"材料基因组计划"。

委员会成员主要包括两部分：政府相关部门领导以及热心于材料产业化的科研人员。部门领导了解国内现实情况和需求，科技人员掌握国内外动态并对新材料发展前景做出判断。产业化项目由工信部领导主持，可产业化的新材料的探索由科技部领导主持，国防部门及国家自然科学基金委员会参加。根据需要可请行业协会有关负责人列席参加讨论。在委员会成员中，希望包括本咨询项目的主持人和部分参与者，如李依依、屠海令、王崇愚等。

（本文选自2012年咨询报告）

咨询组主要成员名单

咨询组组长

师昌绪	中国科学院院士	
	中国工程院院士	国家自然科学基金委员会

咨询组顾问

李静海	中国科学院院士	中国科学院
干 勇	中国工程院院士	中国工程院

分课题组组长

结构材料组组长：李依依	中国科学院院士	中国科学院金属研究所
功能材料组组长：屠海令	中国工程院院士	北京有色金属研究院
材料基因组组长：王崇愚	中国科学院院士	清华大学

磷科技发展关键问题与对策

赵玉芬 等

磷是不可再生的珍稀资源，全球性的磷资源分布不均，储量锐减，磷矿资源枯竭的危机已经呈现并受到各国高度关注。一度认为磷储量丰富的我国，面临的磷资源危机可能比能源和稀土的危机还严峻！

一、我国磷资源消耗速度世界第一，"采富弃贫" "优矿劣用"的现象必须尽快纠正

美国地质勘探局（United States Geological Survey，USGS）公布的世界磷矿经济储量中，2003年我国为66亿吨，居世界首位，而2008年则降为41亿吨。2010年国际肥料发展中心（International Fertilizer Development Centre，IFDC）公布的我国磷矿储量为37亿吨，仅占世界经济储量600亿吨的6.2%；世界磷资源量为2900亿吨，摩洛哥为1700亿吨，美国为490亿吨，我国仅为168亿吨，我国磷资源量不及世界总量的5.8%。进入21世纪以来，美国和俄罗斯磷矿开采量趋于下降，摩洛哥仅有小幅增加，唯有我国逐年快速增长。2009年，我国磷矿产量5500万吨，占世界总产量1.58亿吨的35%，居世界首位。由于不合理的"采富弃贫"，磷矿回收率低，导致磷矿资源每年的减少量超过1.3亿吨，使得我国磷资源消耗的速度远远高于其他国家。按此消耗速度预算，可经济开采的磷矿资源难以再维持30年！"优矿劣用"将导致我国富磷矿在2015年前消耗殆尽。如果不抓紧解决磷科技发展中的关键问题，采取行之有效的对策，那么30年后我国粮食的稳产、高产将无法保障！

二、磷资源浪费严重，解决的关键在于科学利用

以磷矿为原料的磷化工行业问题众多：开采环节中的"采富弃贫"、加工环节中的"优矿劣用"、使用环节中的"效率低下"，以及磷化工产业链"结构失衡"，不但过度、过快浪费了宝贵的磷资源，而且造成了严重的环境和生态问题！传统的过磷酸钙、钙镁磷肥的弃用，高浓度磷肥的主导生产，导致了低含量

磷矿和尾矿无法利用，造成了更大的资源浪费和土壤中磷的流失及硫、镁、钙的缺乏。

生产磷肥消耗了 80% 以上的磷矿资源，但真正被作物当季利用的磷元素仅有 10%~15%，其余大部分转化为土壤中难溶性的化合物，在矿渣、磷石膏中也有相当量的残留。可见，由低品位磷矿选矿、磷肥加工环节消耗的磷资源及施肥不当造成未能充分利用的磷高达 85%~90%。各种途径消耗和未能充分利用的磷资源高达 95% 以上。近 30 年来高浓度磷肥的过量施用，已使大部分土壤中富磷，土壤中总磷平均量达到作物需求量的 40~60 倍。如能鼓励开发和使用促使土壤释磷的技术和产品，将在不补充磷肥或适当补充少量低浓度磷肥的条件下维持庄稼几十年甚至上百年生长所需的磷。

建议大力资助企业利用磷矿渣和低品位磷矿、尾矿及农业废物等生产缓释型低浓度磷肥、复合肥和有机肥，避免灌溉与洪涝所导致的土壤中磷资源的流失；支持脲硫酸复合肥和含有高产作物所必需钙、镁、硅的熔融磷钾肥的产业化推广；支持新型灌溉施肥。鼓励开发、大力推广可以释放磷矿或土壤中难溶磷化合物的有机或微生物肥料，开辟肥料生产和利用新途径。

建议通过限量开采、增加资源税和环境税等多种方式，大力削减、限制甚至停用富磷矿生产肥料；大幅度减少造成土壤硫、钙缺失，耗能费矿的高浓度磷氨的生产和直接施用，根据生产企业与使用地远近合理安排复合（复混）肥的产能，扭转化肥领域过度耗费宝贵磷资源的现状。

建议采用减免资源税、增值税和提供销售补贴等优惠政策，调动生产企业和使用者利用低品位磷矿的积极性，确保磷资源的国家战略安全和磷化工产业的可持续发展，为高附加值磷化工产业链的发展留足资源。

三、打造磷化工产业群，发展特色磷化工

1. 发展高效低毒有机磷农药，强化生态保护

我国人多地少，如何保证用占世界 9% 的耕地面积养活占世界总人口 20% 以上的近 14 亿人，是关系国家稳定的重大问题。农药的合理使用是确保和提高农作物产量的主要手段之一，农业的病害虫害可使农作物平均减产 20%~30%。我国农药工业为保证农作物丰收，保障我国粮食安全做出了不可磨灭的贡献。国际著名的农药专家英国 Cooping 博士认为，在中国如果停用化学农药意味着有 3.5 亿人挨饿。

在世界农药的发展史中，有机磷农药是最具有经济与商业价值的一类农用化学品。有机磷农药在作物保护上具有显著的独特性和实用性，具有高效、广谱、

价廉和易降解的优势。有机磷农药产量占全国农药的 50%~60%，在中国农药工业中一直占据举足轻重的地位。

建议大力支持高效、低毒、低残留、环保型的自主创新有机磷农药品种的研发、生产和市场推广。从市场、资金、政策和机制上对开发和生产创新品种的研究单位和生产企业重点扶持。建议建立"环保型有机磷农药研发"专项，加速高毒、高污染有机磷农药的替代。

建议倡导低毒有机磷农药老品种及关键中间体的清洁生产工艺的开发，强力支持其推广应用。配合产业结构调整，通过技术创新推动部分重要有机磷农药老品种的生产工艺清洁化，促进低成本、高效低毒农药新品种的开发，将竞争优势更多体现在知识产权、质量、价格和品牌优势方面。

建议将环保型抗植物病毒剂毒氟磷、除草剂双甲胺草磷（H-9201）和氯酰草膦（HW02）及草甘膦清洁生产工艺的推广应用列入重大专项。

2. 开发磷系列药品，促进保障人民健康

磷是生命物质的重要组成元素，含磷化合物对生命的维持和修复非常重要，这也是许多重要疾病的治疗药物和保健品都含有磷的原因。许多研究表明，将重要药物作为前药，引入含磷基团进行进一步的结构修饰，有可能起到提高药效、减少毒副作用的效果，有利于开发更安全、更高效的新药。为此，特建议加大含磷药物的基础理论、关键技术和重点发展领域的研究支持力度，以期获得一批高效低毒的含磷新药。建立研发含磷药物的专项资金，开展含磷药物的创新性研究。积极支持开发具有独立知识产权的高附加值的新型含磷材料及药物，特别是支持开发具有抗骨质疏松作用的双膦酸类药物。

3. 重视含磷食品添加剂开发、食用安全和检测方法及标准研究

目前，我国使用的含磷食品添加剂有 20 种，但均不是我国自主研制或发明的。国外的主流烹饪和饮食方式（煎烤、生食）与我国（蒸、煮）有很大差别，虽然国外已经对含磷食品添加剂在食品制作过程中的化学变化、生物代谢等进行过较为深入、全面的研究，但我国在这些方面的研究极少，因此需要开展含磷食品添加剂在我国烹饪方式下的化学变化及食用后生物代谢等食用安全性的基础研究，以及安全含磷食品添加剂的开发，尤其需要高度重视复配型磷酸盐食品添加剂食用安全性的研究与开发。

我国虽是无机磷酸盐的第一生产大国，但高品质的无机磷酸盐还依赖进口。主要原因是产品检测方法落后，影响产业化：与牛奶中蛋白的检测只测总氮含量一样，食品中含磷添加剂的检测只检测总磷含量。建议开展食品中磷的组分形态和含量的分析、检测新技术研究，开发多功能、高品质复合磷酸盐食品添加剂。

我国是农业大国，但农业低值原料的高附加值转化产品——淀粉磷酸酯的第一大生产企业却在欧盟。发展淀粉磷酸酯的生产，促进农业、食品加工业的发展，可以更好地增加效益。

含磷食品添加剂的安全性较高，但在食品中应用磷酸盐时还要充分地重视钙、磷的平衡（1∶1.2），目前有效钙、磷的测定仍是磷酸盐研究的难点。

建议国家成立食品行业含磷食品添加剂研发中心，推进食品添加剂安全评价产业联盟，鼓励开发具有自主知识产权的新品种，强化含磷食品添加剂的质量、标准和安全性控制。

4. 大力发展含磷新型材料

磷在先进材料方面应用日益广泛。有机磷系阻燃剂在美国、欧洲和日本的阻燃剂消费量中所占比例已分别达到 26%、25% 和 20%。锂电池是新能源之一，但是在高温或过充放电等条件下极易发热、燃烧甚至爆炸，开发新型阻燃材料是关键，添加磷酸酯类阻燃剂是最好的选择。欧盟在《电子、电气设备中限制使用特定有害物质的指令》中规定，从 2006 年 7 月 1 日起全面禁止溴系阻燃剂的使用。在亚太地区，有机磷系阻燃剂的使用比率还很低，因此，高效、低烟、低毒的磷系阻燃剂有广泛的市场前景。航空及深海装备的阻燃、防腐蚀、防辐射、抗老化、抗高压、防生物污染等更需要环保型的先进防护材料。重大装备防护是我国急需快速发展的领域，必须高度重视；民生领域的建材、家电、车辆等也需要如阻燃、抗老化、抗辐射、防腐蚀等多功能防护材料，许多功能性磷化工产品的开发和应用性研究是关键。

建议国家支持打造研究→开发→新产品→产业化→市场化的产学研的无缝连接系统，建立含磷新材料的科研与示范基地；积极组织力量发展"先进防护材料"，加大对"先进防护材料"的研发投入，开发一批具有自主知识产权和市场竞争力的新产品。

四、污染环境资源耗散，治理核心是聚磷循环

当前，我国磷的加工、生产和使用对环境产生了较大的影响。磷是水体的主要污染物之一，主要来源于人畜粪便、农田施肥流失、清洁剂、堆肥流失、工业污染及含磷农药，其所占比例分别为 42.1%、20.7%、14.9%、14.9%、5.4% 和 2.4%。水体中磷的富营养化也是导致赤潮大规模爆发的原因之一，流入水体中磷的控制是水资源保护及磷资源回收的重要环节。我国每年通过各种途径进入到水体中的磷就高达 113 万吨（相当于 30% 标矿磷矿石 860 万吨），水体中大部分磷逐步沉入水底，难以再被利用。

因此，建议首先控制点源，管理非点源，制订并推行有效的含磷废水管理方案，包括排放标准和政策法规。污水处理厂可以去除污水中的大部分磷，不能被去除的部分则被排放到水体；农业含磷废水通常以非点源的方式直接排放到水体。这些排放均极大地增加了环境污染。点源磷污染的特点是经常有很高的磷负荷，且容易监控和处理，因此应集中精力于控制污水处理厂的磷排放。另外，在非点源磷污染方面，应大力鼓励和推广在农业生产中使用低浓度缓释有机肥。在技术推动和政策的调控下，从废水中回收磷将逐步具有经济和环境方面的可行性和吸引力。建议在有条件的地方用藻聚磷，以磷养藻，不但可以大量处理生活污水，而且可以回收和利用藻中丰富的磷镁和有机质资源，生产有机绿肥和饲料。此外，还可充分利用覆盖植物的缓冲地带或湿地及水生植物，有效回收利用进入河流湖泊的非点源的磷等有用物质。

湿法磷酸法生产高质量、低成本的高纯度磷酸，进而生产食品和饲料磷营养成分添加剂也是值得鼓励的产业方向，但湿法磷酸中磷石膏的综合利用，以及生产过程中氟、砷、磷的污染也需要认真解决。黄磷、湿法磷酸生产过程中的节能降耗，副产的尾矿、炉渣、富含一氧化碳的尾气、磷泥、磷铁、磷石膏和大量的热能等值得循环利用，可考虑联产水泥、建材、甲酸钠、草酸、复合肥等。节能降耗清洁生产的工艺在磷化工产业中大有可为。

建议组织专家团队以科学发展观为指导，贯彻循环经济理念，采用系统方法，从磷矿的"开采→加工→消费→排放"出发，对磷资源产业现状进行综合分析，加紧制定我国磷资源产业循环经济的发展新战略。

建议相关部门根据可持续发展战略总体要求，按照循环经济的理念制定和推行积极的磷科技开发政策，鼓励和扶持相关科研单位与企业联合，强化资助力度和税收优惠，建立示范工程，推动磷的循环利用、磷化工的清洁生产、磷产业结构的调整优化，进一步发展高附加值磷化工产业链。

五、综合与重点建议

1. 将磷科学技术与产业发展纳入国家战略性新兴产业

建议国家相关部委高度重视可持续发展磷科技的战略地位，按照可持续发展战略和结构调整与技术创新的总体要求，尽快确定磷化工为重点创新和调整的行业，将其列入国家的中长期战略规划，给予比战略性新兴产业更为优惠的配套政策。重点支持磷肥产业结构的调整、总量和品种的控制，建议用减免资源税、增值税和提供销售补贴等优惠政策促进含有高产作物所必需的氮、磷、钾、钙、硅、镁、硫的化肥的生产与使用，大力开发和强力推广以低品位磷矿和农业废弃物生产促释肥、缓释肥和有机肥，从根本上推进磷矿资源的可持续利用。

　　建议国家发展和改革委员会、工信部、科技部会同中国磷肥工业协会、中国科学院，推动在磷化工方面有相当产业基础、研究成果的产学研各方组成战略联盟，成立受国家资助、不受企业与媒体影响，仅对政府负责，并有高度权威性的"磷资源合理利用指导委员会"专家小组（类似于《美国国民饮食指南》13 人专家小组），促进磷化工产业向更符合国家战略利益的方向发展。

2. 设立重大专项

　　建议设立重大专项，制订包括教育、科研、应用、推广、检测、治理、管理、资助、奖励在内的磷化工战略发展规划和具体的措施与政策，以磷化工这一最具渗透性和产业基础的结构调整为重点和样板，切实推动我国经济增长方式的本质转变。重点支持缓释磷肥生产与新产品的研发，支持从宏观、微观两个层面研究磷资源的综合和循环利用的课题；重点支持产业示范和推广工程，帮助企业转型和结构调整，挖掘磷化工产业发展的更大潜力。从技术、政策和资金等方面限制过度、过快消耗磷矿资源的品种生产，特别是高浓度磷肥的生产，鼓励符合清洁生产和循环经济要求的磷化工技术产品和工程装备等的生产和推广应用。

　　建议以现有磷产业与科技平台为依托，以重大工程和科技专项为抓手，在关键技术、关键环节、关键领域进行重点攻关，建立样板工程，重点进行推广，大力资助"磷资源合理开发与高效利用系统工程研究与产业化示范"项目。该项目主要包括以下 8 个科技子项：①低品位磷、钾资源的综合、高效利用决策支持系统研究；②土壤及低品位磷矿中释放磷、钾的技术及产品；③环保型抗植物病毒剂毒氟磷、除草剂双甲胺草磷（H-9201）和氯酰草膦（HW02）的产业化及草甘膦清洁生产工艺的示范推广；④新型有机磷药物的研究；⑤成立新型含磷食品添加剂研发中心，设计具有自主知识产权的新品种，监控并研究含磷食品的安全性；⑥建立磷系先进材料应用示范基地；⑦以生物/化学协同污水除磷工艺的开发和沉淀/结晶法回收为重点的磷去除/回收示范工程；⑧磷的循环经济规划及产业系统分析。

3. 加强学科及人才队伍建设

　　磷是世界上重要的、难以再生的非金属矿资源，也是生命中最重要的元素之一，它不仅在许多工业中具有重要的应用价值，而且在农业、医药、生物中也扮演着重要角色。可以说，人类社会的生存和发展离不开磷。

　　为了解决我国磷科技发展的关键问题，必须积极加强磷化学学科及人才队伍的建设。目前正值教育部、财政部共同启动实施《高等学校创新能力提升计划》，因此建议重点支持以清华大学、厦门大学、南开大学、贵州大学、四川大学、郑州大学及相关企业为核心单位，实施"磷的化学转化与应用"项目，以磷化学的基础与应用研究为主线，为磷化学化工产业需求服务，支持云贵川及海西等区域经济发展。

（本文选自 2012 年咨询报告）

咨询组成员名单

项目负责人

赵玉芬	中国科学院院士	厦门大学
		清华大学

咨询专家

袁承业	中国科学院院士	中国科学院上海有机化学研究所
陈冀胜	中国工程院院士	解放军防化研究院
李正名	中国工程院院士	南开大学
程津培	中国科学院院士	南开大学
金 涌	中国工程院院士	清华大学
唐孝炎	中国工程院院士	北京大学
柴之芳	中国科学院院士	中国科学院高能物理研究所
徐如人	中国科学院院士	吉林大学
吴新涛	中国科学院院士	中国科学院福建物质结构研究所
洪茂春	中国科学院院士	中国科学院福建物质结构研究所
郑兰荪	中国科学院院士	厦门大学
张 希	中国科学院院士	清华大学
周其林	中国科学院院士	南开大学
梅 毅	院 长	云天化国际集团
		云南省化工研究院
王孝峰	副主任	中国石油和化学工业协会产业发展部
许秀成	教 授	郑州大学
钟本和	教 授	四川大学
胡文祥	教 授	解放军总装备部后勤部军事医学研究所
胡山鹰	教 授	清华大学化工系生态工业研究中心
袁东星	教 授	厦门大学
常俊标	教 授	郑州大学
卢英华	教 授	厦门大学

刘钟栋	教　授	河南工业大学
付　华	教　授	清华大学
朱长进	教　授	北京理工大学
李艳梅	教　授	清华大学
尹应武	董事长	清华大学清华紫光英力公司
		厦门大学

顾问专家

宋宝安	副校长	贵州大学
贺红武	教　授	华中师范大学
韩立彪	教　授	湖南大学
尹双凤	教　授	湖南大学

基础研究与战略性新兴产业发展

欧阳钟灿　等

2008 年全球金融危机爆发，美国虚拟经济导致产业空心化弊端对世界各国经济发展模式敲响了警钟，各国纷纷调整科技发展规划，抢占创新制高点，选择发展具有各自优势的新兴产业，如奥巴马政府颁布的《重整美国制造业框架》、欧盟发展绿色经济的《第七框架计划》。党中央、国务院对世界经济发展新形势高度重视。2009 年 9 月，温家宝总理连续召开三次专家座谈会，研讨培育我国战略性新兴产业；同年 11 月 3 日，温总理发表《让科技引领中国可持续发展》讲话，指出近代中国错过四次科技发展机遇，中国不能再错过这次金融危机带来的变革机遇，要高度重视基础研究、战略高技术研究、科学选择战略性新兴产业，以及相关人才的培养。2010 年 2 月在省部级主要领导研讨班上胡锦涛总书记强调，要把发展战略性新兴产业作为产业优化升级的重点，要找准国际发展的新方向，科学制定规划，明确发展重点，强化政策支持，加大资金投入。

培育和发展战略性新兴产业既是党中央、国务院应对国际金融危机挑战的应急之举，更是我国加快经济结构调整、促进发展方式转变的长远之策。2009 年中国科学院学部设立了"基础研究与新兴产业发展"重大咨询项目，在学习领会党中央、国务院培育和发展战略性新兴产业决策部署精神的基础上，组织院士专家、"千人计划"学者，从分析世界发展高科技产业的历史、经验和教训入手，选取若干具有代表性和紧迫性且基础研究与产业化进程关系极为紧密的新兴产业生长点，进行系统研究，提出加强基础研究、促进新兴产业发展的建议，经过两年多深入研究，完成了《基础研究与战略性新兴产业发展》咨询报告。

一、日美高科技产业发展经验教训：正确选择 关键核心技术

科技产业兴起依赖产业导向的基础研究突破。例如，多年致力于半导体应用的探索使贝尔实验室 1947 年发明了点触式晶体管，开启了半导体产业；美国德州仪器公司（TI）对于器件微型化的不懈追求促成了杰克·基尔比（Jack Kilby）在 1958 年发明了第一块集成电路，开启了 IT 产业时代。我国基础研究长期囿于

过度自由探索，对产业发展贡献甚少，只有加大有产业背景的基础研究的支持，才能保证我国战略性新兴产业具有原创活力及持续发展的前景。改革开放30多年来，我国依靠巨大的国内市场、低廉的劳动力成本和相对宽松的出口环境，成为名副其实的制造大国。随着2008年金融海啸、2010年欧债危机、2011年美国标准普尔降级，造成国际市场萎缩，这些优势今后将逐渐削弱，我国现阶段面临的问题与日本的发展历程惊人相似，其经验和教训尤其值得借鉴。

1. 日本半导体产业成功和信息产业惨败的启示

第二次世界大战后，日本以"贸易立国"，搞加工贸易，进口原材料和能源，出口制成品和设备，培育了钢铁、汽车、造船等支柱产业，迅速提高了国力。20世纪70年代第一次石油危机爆发，这种资源型经济弊端毕露，促使日本在80年代转向资源节约型经济，以"技术立国"发展知识密集型产业，在汽车、石化、重型机械、电子产业建立了国际优势，其中尤以半导体产业世界独占鳌头。

日本半导体产业从跟踪、模拟起家，自晶体管问世，大量引进欧美技术，依靠民用产品（如计算器、收音机、电视机等）进入技术和市场的储备阶段。1976~1979年，面对集成电路迅猛发展的机遇，组织了官产研结合的超大规模集成电路的自主创新，由日本电气、日立、富士通、三菱电机和东芝5家大公司和官办的电子综合研究所组成产业联盟，耗资7370亿日元（政府出资41.6%，产业界58.4%），实施面向产业需求的基础研究，使日本互补金属氧化物半导体（CMOS）技术取得原创性突破，一举击败半导体的发明国美国，迅速称霸世界半导体市场。

20世纪90年代后，日本对计算机用途判断失误，超前研制超越冯·诺依曼体系结构的第五代智能计算机，计算机偏重大型化、高速化和芯片大容量化、微型化等硬件技术而忽视软件技术研发。期间，政府给研制企业补贴达1000亿日元，加上企业匹配投入，耗费空前。由于缺乏市场需求，研究计划遭受重创，日本错过了个人电脑时代最好的10年。相反，美国在失去半导体市场后，转向计算机软硬件技术密集研发。英特尔公司在CPU开发成功，IBM公司率先推出个人电脑，随后微软推出了主宰市场的视窗操作系统，三者领跑世界，使美国占据全球信息产业霸主地位。这也是国家领导人近两年来讲话多次指出的，选择关键核心技术，确定新兴战略性产业直接关系我国经济社会发展全局和国家安全。选对了就能跨越发展，选错了就会贻误时机。

2. 美国经济过度虚拟化的教训及新能源战略的启示

第二次世界大战以来，美国依靠航空航天、半导体电子、计算机、互联网称霸世界科技与经济。但自1980年，产业开始空心化，制造业（如钢铁、船舶）大量转移海外，不劳而获的金融业成为经济核心。金融海啸发生前，服务业竟占到国民经济的 80% 左右，终致泡沫破裂、经济全面衰退，打破了美国"后工业时代"的幻梦。2009 年，奥巴马就任美国总统后把新能源产业上升至关乎国家安全和民族未来的战略高度的新兴产业的核心，任命诺贝尔物理学奖得主朱棣文为能源部部长表明了政府依靠科技创新推进能源产业发展的决心。根据《2009年美国复苏与再投资法案》，政府将斥巨资联合高校、研究所和产业界，从基础研究（如光—化学转化）、技术升级和集成（如建筑节能）、人才培养等多方面入手，全力打造新能源产业。在整个法案中，新能源相关的基础研究获得了高达 16 亿美元的资助。为保障新能源的基础研究与技术研发，能源部组建了三类创新机构，即能源前沿研究中心（46 个）、能源高级研究计划署及能源创新中心（8 个）。近年，我国新能源产业发展表面轰轰烈烈，但实际占比很小。2010年非化石能源占全部能源的 8.3%，但除去水、核能，风电、太阳能、生物质能等新能源只占 1% 左右。关键是它们联网、储能的基础研究还未突破，也少有投入。

二、我国战略性新兴产业研发投入需要"结构调整"以加强基础研究

党中央、国务院十分重视基础研究，近年中央财政投入快速增加。但由于管理体制和评价导向的原因，许多科技人员过分追求论文、报奖、评职、晋级。科技资源投入重复、分散，产出实效不高，削弱了国家在战略性和关键共性领域集中资金和研究力量实施重点突破。如果不对科研经费投入进行大刀阔斧的"结构调整"，经费的增长很难用于以企业为主体、市场为导向、产学研相结合的技术创新体系建设。对比产业化发达的国家，我国科研经费存在如下需要结构调整的问题。

1. 基础研究经费总量投入比例失调

我国基础研究经费占 R&D 总经费的比例多年维持在 5% 以内，远低于创新型国家 16% 的平均水平。基础研究、应用研究和试验发展三者在经费投入上的比例远偏离创新型国家的成功经验，如 2008 年，美国为 1∶1.2∶3，法国为 1∶1.6∶1.6，日本为 1∶1.7∶5，韩国为 1∶1.3∶4.3，而我国是 1∶2.6∶17.3[1]。

2. R&D 经费强度不足且存在结构性缺陷

2008 年，我国企业九大行业 R&D 经费投入强度（与主营业务收入之比）都

---

① 中国科技统计数据（2009），中华人民共和国科学技术部。

未超过 2%；发达国家，一般为 3%~5%，高新技术企业达到 10%~20%。我国高技术产业的 R&D 经费比重偏低，例如 2007 年，我国高技术产业只占 25.8%，英国、美国、法国超过 40%，韩国 53.8%；值得一提的是，我国台湾地区该比例达 72.3%[①]。当前我国企业的 R&D 经费主要为技术引进和改造的试验开发，对基础研究上投入极少。发达国家基础研究的经费很大比例吸纳企业助成，1995 年，美国基础研究经费中，企业投入 25.3%，韩国则高达 50%，据此或许能揭示三星、LG、现代、浦项制铁崛起之谜。

三、从基础研究走向产业化的关键：市场导向、瞄准新产业

如何促进基础研究成果转化为应用型成果进而商品化、产业化，对世界各国都是一道难题。长期以来，我国主要是依靠国家统筹规划来达到这一目的，但效果并不明显，科技创业常常沦落为"代工"。最近十多年，随着基础研究领域投入的加大，以及科技政策、市场环境等软硬件条件的逐步改善，出现了一些瞄准新兴产业的基础科研团队成功创业的案例，如我国大陆第一条有机发光二极管（OLED）大规模生产线的建立。创建人清华大学化学系邱勇教授是我国自己培养的"土博士"。他于 1996 年启动了 OLED 基础研究，一开始就将目标定位于开发自主知识产权的核心技术并实现产业化。1998 年，邱勇组建了涵盖化学、材料、电子等多种专业背景的交叉研发团队，绕开论文羁绊直追 OLED 器件试制。2001 年，他创立了北京维信诺公司，以企业机制推进基础研究产业化进程；2002 年建成了中国大陆第一条 OLED 中试线；2006 年吸收地方资金支持，成立昆山维信诺公司；2008 年中国大陆第一条 OLED 大规模生产线建成投产；2009 年第四季度被动矩阵 OLED（PM-OLED）出货量全球前四，邱勇也荣获首届"周光召基金会应用科学奖"。

清华－富士康纳米科技研究中心的创建和发展也是近期科技人员成功创业的典范。2002 年，台湾富士康捐赠 3 亿元人民币，与清华大学范守善院士纳米研究团队合作建立了纳米科研中心。中心固定研发人员只有十几名，他们将成果实验报告交由中心由富士康派驻的专利申请职员，凭借其熟练的专利书写、申报经验，成果很快便能上升为国内外专利。中心中，富士康建有由其台北团队提供设备的中试线，成百位技术工人随时对基础研究成果进行工艺试验、产品开发，成功的中试结果可以迅速转移到企业量产。2002 年，该中心在《Nature》上发表了碳纳米管线/膜制备的工作，以此为基础，2009 年建立了碳纳米管触摸屏量

① "中国 R&D 经费支出特征及国际比较"，科技统计报告第 6 期（总第 444 期），中华人民共和国科学技术部发展计划司，2009–7–6。

产线，碳纳米管触摸屏的手机达到正式量产的水平。

四、根治科技、经济"两张皮"：建立产业园，助推基础研究成果产业化

科技、经济"两张皮"是我国长期以来难以突破的困局，特别是从自主创新的基础研究成果走向拥有完全自主知识产权的产业化更是难上加难。要想彻底根治这一痼疾，必须从国家、政府的层面上给予更强有力的推动和保障。建立产业园区，促成基础研究、应用研究与产业孵化、育成紧密结合，是一种较好的尝试和实践。美国、德国、日本等科技强国都设立有大量的科技产业基地。我国也在全国范围内设立了不少科技园区，但在理念设计、制度建设、配套服务等方面都远未完善。在这方面，拥有相同文化背景的我国台湾地区的经验尤其值得我们学习和借鉴。近40年来，台湾科技产业（如半导体与平板显示）的发展历程及成就令世界震惊，而这些都归因于其发源地台湾工业技术研究院及新竹科技园。

1. 台湾工业技术研究院

1973年，针对中小企业研发资源有限、创新不足、无法承受创新风险，台湾工业技术研究院成立，主动开发前瞻性、关键性和共性技术转移给产业界。从技术引进、人才培育到信息提供、衍生公司、育成中心再到技术服务与技术转移，工业技术研究院起着"总经理制造机"的作用，由工业技术研究院转进企业界的员工已超过15 000名，且有不少成为台湾经济的掌舵者。工业技术研究院的三项核心业务（研发服务、产业化服务、技术转移与创业育成）使台湾新兴科技产业从无到有、在世界上举足轻重。

2007年，在经济和产业发展的新形势下，工业技术研究院提出了新的定位，针对尚未出现的产业进行前瞻性开发，其发展步入了转型阶段。原来扶植的企业已经发展壮大，对工业技术研究院的依赖性逐渐减小，工业技术研究院开始寻找新的商业机会，以整合优质资源，加强自身孵化器的功能。随着定位的转变，工业技术研究院正努力跟各相关单位接触，希望结合政府部门、学术界、产业界和海外的资源，形成创新模式，开辟创新科技产业。

2. 台湾新竹科学工业园区

1980年成立的新竹工业园，选址贴近科研机构（台湾交通大学、台湾"清华大学"、工业技术研究院），得到台湾相关部门资金、政策扶持，从外国引进技术、人才到自我创新，以便捷的交通和生活设施、完善的服务体系、独特的园区文化吸引高科技厂商投资扎根，已引领台湾高新技术产业走向世界，形成了集成电

路、计算机及外围设备、通信、光电、精密机械、生物科技等六大支柱产业。许多产品不仅是岛内首创，还是世界领先，被誉为世界上最为成功的科技园区之一。

五、关于促进若干优先发展的新兴产业及相关基础研究的建议

2010年颁布的《国务院关于加快培育和发展战略性新兴产业的决定》明确了现阶段以节能环保、新一代信息技术、生物技术、高端装备制造、新能源、新材料和新能源汽车作为七大战略性新兴产业。咨询项目组选取了集成电路、平板显示、生物技术、网络信息及建筑节能等国内外研发投入最大、对国民经济发展具有巨大拉动作用的重点新兴产业，开展了充分的调研并完成了相应的咨询报告。在此基础上，就如何推动这些重点新兴产业及相关基础研究提出如下建议。

1. 兴建产业研究院，推动基础研究服务于新兴产业发展

政府主导，依托高校院所、由科研机构与产业界共建若干产业技术研究院，聚焦产业发展中的"共性技术"和"关键技术"，致力于产业技术创新，强化对产业的技术服务；关注未来新兴产业和战略产业的前瞻性研究，抢占新兴产业技术制高点。针对集成电路、平板显示、生物技术、网络信息及建筑节能等新兴产业，咨询组建议具体关注如下的基础技术或关键环节。

1）集成电路：支持研制突破CMOS器件物理极限后摩尔时代的新信息器件；发展超越摩尔定律的功能多样化的芯片技术；发展基于SIP/SOP(system-in-package /system-on-package) 异质系统的集成技术。

2）平板显示：重点支持6代以上高世代TFT-LCD面板的生产，支持关键原材料与专用设备配套发展，积极跟踪低温多晶硅、金属氧化物等高性能TFT技术发展；适度支持等离子显示器（plasma display panel, PDP）；培育OLED产业链，建设具备国际竞争力的中小尺寸PM-OLED与AM-OLED企业。

3）生物技术：加快发展基于合成生物学的新兴工业生物技术，重点服务于农业菌种研究与改造、重大药物设计、生物燃料及生物材料的改造利用，以及食品工业相关微生物的改造；大力发展生物制药，重点突破蛋白靶点和抗体工具的国产化；实现生物仿制药国产化，解决生产技术难度大、临床剂量大的生物仿制药关键技术瓶颈；在单克隆抗体、重组蛋白药物、新型疫苗等重点领域快速取得阶段性突破。

4）网络信息：重点关注下一代互联网、三网融合、物联网、云计算、网络安全等五大方向。从国家层面规划现行IPv4网向IPv6网平滑过渡；积极推进三网融合，加快融合技术业务标准制定和产业化；开展物联网战略研究，加强人才

引进和培养；加强云计算产业化研发力度；促进网络安全技术的应用；推动新一代移动通信、下一代互联网核心设备和智能终端的研发及产业化。

5）建筑节能：重点关注绿色建筑，研发低碳住宅，同时开展对既有建筑的节能改造和品质提升；建议把建筑领域列入国家科技发展的重点领域，加大投入，增设国家重点实验室。

2. 加大知识产权保护力度，强化对到期专利的掌握和应用

自主知识产权与自主标准是新兴产业国际竞争力的核心。建议尽早着手进行新兴产业的主控式技术布局，加强相关的专利申请力度；加强对拥有自主知识产权尤其是拥有自主标准的优势企业的保护，加大知识产权保护的执法力度。对于生物制药等大量专利并不被我国掌握的产业，应抓住当前一大批专利到期的历史机遇，尽快实施相关知识成果向产业的转化，建议生物仿制药与创新药并重，促成我国生物制药产业走向成熟。

3. 全力推进新兴产业教育，加快人才培养

目前，我国在生物技术、集成电路、平板显示、网络信息、建筑节能等新兴产业，从基础研究到工艺研发的各个环节，人才储备都极度匮乏。在积极引进海外高端技术和产业人才的同时，建议各类高等院校中已有的相关专业加大人才招收和培养的力度；对高等院校课程规划中尚未涉及的专业方向，如合成生物学、平板显示、节能建筑等，建议尽快开展国家层面的学科规划，在高校开设相关专业及课程，建成可持续的人才培养基地。

4. 大力加强新兴产业的情报工作

产业信息情报是把握产业方向、支持科学决策、增强竞争优势、提升创新能力、科学选择战略性新兴产业的排头兵。改革开放以前，我国有多个工业部，每个部委都有相应的产业情报单位。改革开放后，尤其大部制后，产业情报工作有所削弱。建议国家加大对产业情报研究的投入力度，对基础情报研究进行统筹规划，推动制定情报行业的规范，加强情报咨询机构的资质管理。

（本文选自 2012 年咨询报告）

咨询组成员名单

欧阳钟灿	中国科学院院士	中国科学院理论物理研究所
甘子钊	中国科学院院士	北京大学
林惠民	中国科学院院士	中国科学院软件研究所
吴硕贤	中国科学院院士	华南理工大学
李衍达	中国科学院院士	清华大学
张 杰	中国科学院院士	上海交通大学
王占国	中国科学院院士	中国科学院半导体研究所
王阳元	中国科学院院士	北京大学微电子研究院
吴德馨	中国科学院院士	中国科学院微电子研究所
屠海令	中国工程院院士	北京有色金属研究总院
陈涌海	研究员	中国科学院半导体研究所
黄 如	教 授	北京大学微电子研究院
叶甜春	研究员	中国科学院微电子研究所
刘 明	研究员	中国科学院微电子研究所
谢常青	研究员	中国科学院微电子研究所
陈大鹏	研究员	中国科学院微电子研究所
王文武	研究员	中国科学院微电子研究所
夏 洋	研究员	中国科学院微电子研究所
李超波	副研究员	中国科学院微电子研究所
常 青	研究员	北京有色金属研究总院
肖清华	研究员	北京有色金属研究总院
谢良志	中央"千人计划"首批入选者	中国医学科学院
邵荣光	教 授	中国医科院生物技术研究所
杜 杰	教 授	首都医科大学附属北京安贞医院－北京市心肺血管研究所
马宁宁	中央"千人计划"入选者	北京义翘神州生物技术有限公司
王 阳	中央"千人计划"入选者	北京义翘神州生物技术有限公司
邱 勇	教 授	清华大学化学系
黎 明	副教授	中国科学院研究生院
戴陆如	副研究员	国家纳米科学中心

郑木清	高级经济师	东吴基金管理公司
安　晖	高级工程师	中国电子信息产业发展研究院
任爱光	高级工程师	中国电子信息产业发展研究院
高宏玲	工程师	中国电子信息产业发展研究院
李树翀	工程师	北京赛迪网信息技术有限公司
宋　宇	工程师	赛迪顾问股份有限公司
颜贤权		赛迪中国市场情报中心
丁　滨		赛迪中国市场情报中心
林宏侠		中国科学院院士工作局

中国西部山区公路灾害成因与减灾对策

——西部山区干线公路跨越式发展，保障国家大动脉畅通

陈　颙　等

　　我国西部地域辽阔，资源富集，蕴藏着巨大的发展潜力，是全国发展的资源和能源支柱。西部与 13 个国家接壤，也是我国国防安全的重要区域。然而，西部 GDP 仅占全国的 18.7%，与东部经济发达地区（53.0%）相比，生产力落后，经济发展滞后，区域差距明显。因而，西部是我国地形、资源和战略上的"高地"，又是经济上的"低谷"。其主要原因之一是交通闭塞，根据统计分析，西部综合运输网密度仅为 23 千米 / 千米^2，相当于全国平均水平的 53%。而中国西部公路运输的客货总量分别占西部综合运输总量的 94% 和 87%，公路运输在中国西部地区综合运输体系中占据主导地位，对西部发展起到引领和支撑作用。同时，西部地区的干线公路也是我国最主要的国防运输线，担负着保障国家安全的重要使命。

　　我国西部山区地形陡峻、构造活跃、岩层破碎、生态脆弱、侵蚀强烈，地震、滑坡、泥石流、水毁等自然灾害分布广泛，频繁发生，对公路危害严重。据公路部门统计，2010 年西部公路灾害损失为 349.2 亿元，占全国总损失的 54.85%，仅塌方就达 472 333 处，占全国公路塌方总数的 69.36%。灾害不仅为新建公路的选线设计和工程建设带来巨大困难，而且对作为串联系统的既有干线公路危害极大，一处断道，全线瘫痪，严重制约着西部地区社会经济的发展，国防安全难以保障。

　　一旦有巨灾发生，西部公路遭受的灾害尤为严重。2008 年，汶川大地震及其次生地质灾害共造成 24 条高速公路受到影响，161 条国级、省级干线公路受损，8618 条乡村公路受损，受损公路总里程达 31 412 千米，直接经济损失约 612 亿元（据交通部统计）。汶川地震极震区毁坏 15 条干线公路，使得 20 余个县城和乡镇完全封闭，严重地阻碍了救援工作，绝大部分人口密集的城镇公路打通时间超过 170 小时，远远超过救援的黄金 72 小时，这是汶川地震死亡人数巨大的重要原因之一。

在灾后重建工程完工以后，汶川地区的G213国道每年雨季断道3~4次，生命线变成"生病线"；303省道和绵（竹）茂（县）公路在2010年8月14日群发性泥石流灾害中，河道淤积几米至十几米，最厚淤积大于30米，6座桥梁被淤埋和冲毁，部分沿河路段报废，投资28亿元即将竣工的灾后重建工程毁于一旦，使耿达镇、清平乡等乡镇又沦为孤岛。

对汶川地震公路灾害的调查结果表明，相比路基和桥梁，隧道表现出较好的抗震性和避防灾害的能力。在汶川地震中，无一隧道完全塌毁，即使在烈度高达11度的极震区，受损隧道修复后也能全部使用。山区公路隧道发挥了很好的减灾和避灾的效果。

汶川高山峡谷型的地貌在西部具有代表性，这种地貌在学科上被称为阿尔卑斯地貌。考察和调查欧洲具有典型阿尔卑斯地貌的意大利和奥地利等国可以发现，山区公路隧道在减轻诸如滑坡、泥石流和地震等自然灾害方面有着广泛的应用。

尽管我国在实施西部大开发战略以来西部公路建设取得了巨大成就，公路总里程和等级公路大幅增加，但是由于地质条件复杂，山洪和地质灾害频发，山区公路建设条件非常艰巨，目前西部仍以抗灾能力弱的低等级公路为主（三级、四级和等外公路占92.56%），形成许多"天险"路段，难以保障通行。西部公路总量不足、质量偏低的现状成为制约西部资源开发、区域发展、边疆贸易的瓶颈，严重影响区域发展与国防安全。交通部已经计划在"十二五"期间加大西部地区公路建设的力度。强烈活动的灾害对公路建设和运营安全构成巨大挑战，加强山区公路抗灾能力建设，成为突破制约西部干线公路建设和效益发挥瓶颈的关键，意义重大。

一、我国西部山区公路减灾存在的问题

1. 西部山区孕灾环境敏感性高，公路抗灾能力弱，巨灾对干线公路造成毁灭性破坏，常常导致国家运输大动脉瘫痪

我国西部山区地壳运动活跃，活动断裂发育，地势高差明显，具有著名的"Y"字形断裂构造带、104°地震活跃区、横断山与秦岭地质灾害密集发育区等，是我国著名的地震活跃带和地质灾害发育区。干线公路穿越这些地质地貌条件复杂、地震活跃、地质灾害频发的区域，不仅经常遭受滑坡、泥石流、水毁等灾害的危害，常常造成车毁、人亡、断道的巨大损失和严重灾害；而且具有遭受毁灭性大地震巨灾的潜在风险，强震往往诱发大规模群发性滑坡、崩塌、泥石流、堰塞湖及其非受控性泄流洪水，对各类建筑、生态环境及地表破坏的剧烈程度会远大于地震本身的破坏作用。地震及其次生灾害链的破坏作用大大超过我国现有西

部山区抗灾能力较弱的干线公路（多为三级及以下公路）的承受能力，对干线公路造成毁灭性的灾害，导致西部山区大震时区域性路网全部瘫痪。汶川地震期间受损公路总里程达 31 412 千米，极震区公路全部瘫痪，严重制约救援行动，导致灾害时空延拓，产生巨大灾情。

同时，西部山区构造活跃，河流下切强烈，形成大范围深切峡谷。在这种活动断裂发育、地应力高、暴雨频发、温差显著的高山区，风化侵蚀作用强烈，在河谷发育大型崩塌、滑坡、泥石流和水毁等重力水力灾害，在山岭发育雪崩、冻融、积雪和涎流冰等寒冻灾害。这些灾害毁坏路面、冲蚀路基、冲毁桥梁、淤塞涵洞。西部山区公路灾害的特点是：种类多、分布广、密度高、规模大、暴发频繁、危害严重、损失巨大，形成许多"天险"路段，长期制约公路的通行能力。例如，全长两千余千米的川藏公路灾害线密度达 0.566 处 / 千米，其中帕隆藏布沿河路段长 271 千米，分布有泥石流沟 125 条，滑坡崩塌 140 处，灾害线密度达 0.98 处 / 千米，整治改造以前每年有 3~6 个月不能通行，其中切木弄巴沟 2010 年 7 月 15 日泥石流堆积扇顶托帕隆藏布，导致 3 处路基被掏蚀断道，只能采用局部绕线经比通沟口通过，比通沟大桥至今尚未建成，历时 1 年 4 个月后，仍然是用临时道路勉强维持通行。交通安全形势十分严峻，严重影响区域发展与国防安全。

2. 西部山区干线公路多由简易公路升级改造而来，因历次改建的资金不足，忽略对工程未来受灾风险的考虑，限制了隧道桥梁方案的采用，导致隧道比例偏低，公路抗灾能力弱

我国西部干线公路大多是由简易公路升级改造的，历次改扩建工程都因资金不足，很难从根本上提高抗灾能力。由于既有公路建设标准偏低，公路改建扩建时大多资金偏紧，限制了隧道桥梁方案的采用。改建扩建公路基本上沿既有线原线位走线，沿河路随弯就势，越岭路盘山过垭口，从选线设计源头考虑避灾的余地不大，线型差，桥隧比小，抗灾能力非常低。这实际上是把工程受灾风险后移至养护阶段。

目前，我国山区公路建设仍然强调节省初期建设成本，忽略对未来工程受灾风险的考虑，限制了隧道桥梁方案的采用，西部山区干线公路的桥隧比例十分小，隧道明线比低于 5%，其中西藏的国道和省道仅在近年才开始修建隧道。西部山区干线公路的隧道明线比偏低，不能发挥隧道桥梁的减灾作用，大量明线难以避开地表灾害。同时，明线公路建设存在征地和破坏生态环境等问题。山区公路平均每千米路基开挖量在土质地区 20 万米^3，岩质地区 40 万米^3，造成地表扰动 5 万米^2，形成新的不稳定斜坡 2~3 处。路基修建时切坡形成新的临空面，弃渣构成新的灾害源，边坡开挖大范围扰动地表破坏植被，这些都会诱导新灾害的形成；特别是越岭线盘山路段环境生态破坏严重，切坡扰动滑坡，寒冻灾害突出。切坡扰动

诱发滑坡等灾害的实例不胜枚举。据统计，大（理）宝（山）高速沿线60%多的滑坡由于边坡开挖引发；广邻高速公路修建期间，于K24切坡路基段诱发约50万米³的山体滑动，采用抗滑桩＋抗滑明洞联合整治得以稳定，耗资约3000万元。又如，国道108线瀑布沟电站改线绕坝段紧邻大渡河的猴子岩路段，因路基挖方高切坡诱发约30万米³的白云质灰岩高边坡崩滑灾害，直接掩埋汽车6辆，致10余人死亡，并在滑体后壁形成巨大危岩体；崩滑体连同路基坠落堵塞大渡河，致使河水回壅淹没沿河民居，导致交通中断近1年，后不得不采用长达870米的隧道方案自危岩体后方的稳固山体内绕避通过。再如，国道318线二郎山东坡前碉桥至龙胆溪段，因路基开挖诱发总方量达200余米³的老滑坡群活动，经进行抗滑、排水、护坡固脚及路基恢复等综合治理后，滑坡方告稳定，耗资约5000万元。

明线路基修建中大量的生态与环境破坏为新的滑坡和泥石流形成提供了诱因，进而成为公路运行期间频繁成灾的直接原因之一，致使公路抗灾能力低，多灾路段公路建成之日就是抢通之时。滑坡、泥石流、水毁造成的道路损毁恢复难度大，往往跨沟桥梁多次重建，局部线路多次改道，抢通成为常态化工作，公路养护改造费用极高，养路部门不堪重负，交通安全形势严峻。川藏公路路基工程扰动导致老滑坡体局部复活形成102滑坡群，其整治耗资5100余万元，雨季仍然常常毁坏路面和路基，每年都要做大量保通工作；邻近路段的帕龙沟公路桥多次被冲毁。在汶川地震发生后的4年间，地质灾害危害公路的事故频繁发生，其中213国道每年汛期多次被毁，严重危害交通安全。例如，2009年7月25日，213国道（都汶公路）彻底关大桥被崩落的巨石击断第三根桥墩，导致两跨60米桥面坍塌，6辆车坠落，造成6人死亡、12人受伤。震后泥石流暴发频度、规模和数量急剧增加，成为震后最为严重的灾害，磨子沟在震后4年间发生泥石流近20次，冲毁跨越沟口的213国道桥梁，淤埋213国道约80米，先后8次堵塞岷江。2011年7月3日，高家沟泥石流堵塞岷江，压迫主河水流冲刷异岸，冲毁临河路基约500米，罗圈湾沟中桥严重受损。213国道在灾后重建期间，每年雨季断道3~4次，多次造成车毁人亡的事故的实例，进一步说明公路抗灾能力对公路运输安全和运力发挥的极大限制作用。

3. 勘察设计阶段对灾害性质认识和处置不够，在公路建设期埋下灾害隐患，导致运营期间灾害频发，生命线变成"生病线"，通行难以保障

相当一部分公路灾害形成的原因，是对灾害的认识不足，在道路选线和工程设计中没有采取恰当的应对措施处置。主要表现在：由于没有充分重视公路减灾并安排合理的勘察周期，公路灾害勘察的深度不够，致使在地质灾害的危险性评估时对灾害预测的科学性和准确性不够，不能满足选线和设计的需要；公路设

67

计时没有准确把握泥石流和特殊滑坡的发展趋势和潜在危险，不能很好地利用选线手段避灾，没有充分考虑局部线路和具体工点的防灾措施，在设计阶段埋下隐患。目前，采用各个工程段整体投标，可能导致在标段中含有大型复杂灾害防治工程时，中标单位并无灾害防治工程施工能力的现象，且在施工组织中未将其作为关键工程，进而影响灾害防治效果。

上述在勘察、设计、施工阶段没有切实重视地质勘察和防灾减灾的行为，使得公路建设期间未能充分认识和处置潜在灾害，致使运营期间灾害频发，通行难以保障，公路设计运输能力大打折扣，甚至危及行车安全；没有对灾害进行科学合理的绕避，把构筑物设在不良地质体上，导致构筑物基础失稳或个体工点受灾；线路标高和桥梁净空不够，导致桥梁、路基被冲毁，隧道、涵洞、桥梁被淤埋，甚至造成大段沿河线路被淤埋报废。例如，汶川地震灾区的303省道和绵（竹）茂（县）公路均由于对潜在灾害认识不清，在灾后重建工程设计时对未来灾害的风险估计不足，被灾害局部毁灭。2010年8月13日清平场镇21条沟同时发生大规模泥石流，泥石流堆积物达600余万米^3，其中仅文家沟就达400万米^3，泥石流冲毁幸福大桥、平均淤高绵远河河床5米（最高15米），小岗剑至清平段即将完工的公路桥和路基全部报废。2010年8月14日映秀地区特大暴雨诱发了省道303线映秀至耿达段大规模群发性泥石流28处，河床平均淤高15米，最高31米，损毁路基约6.2千米（其中淤埋4.6千米），淤埋桥梁3座，损坏桥梁3座，毁坏涵洞16道，掩埋隧道出口1处，损毁棚洞300米，损毁挡墙8.5万米^3，形成的堰塞湖淹没公路约1.6千米并损毁路面约3千米。灾后重建的映秀—耿达段和汉旺—清平段公路几乎全部报废。

综上所述，由于勘察深度不够，对灾害性质认识不清，造成运营期间病害不断，灾害频发，经常断道，形成了屡建屡毁的被动局面，生命线变成"生病线"，严重影响交通安全和通行能力。

另外，面对复杂的地质地貌环境和量大面广频繁成灾的公路灾害，除桥梁、涵洞有洪水设防标准以外，其他构筑物没有明确的针对地质灾害具体灾种的防灾标准，更没有具体针对不同等级公路的抗灾能力要求。这使得与公路配套的防灾工程缺乏管理和技术上的依据，在山区公路工程设计阶段不能按照技术规程规范地考虑防灾设施，从技术和管理上不能保障减灾措施融入到公路工程建设中，减灾工程与公路建设协调性不够，影响到公路抗灾能力的保障。

4. 运营期间的灾害监测预警与灾害管理体系不健全，导致灾害的时空延拓

目前，在山区公路建设立项初期没有规划监测预警项目，尚未安排这方面的资金，导致山区公路灾害的监测预警与风险管理体系缺失。西部山区公路工程往往具有生命线的性质,在巨灾作用下公路能否迅速抢通可能涉及千万人的生命。不健全的西部山区公路灾害监测预警与灾害风险管理体系,与频繁发生的灾害特别是巨型灾害对应急减灾能力需求极不适应,一旦发生灾害,往往导致灾害的时空延拓,造成重大损失与社会影响。例如,汶川地震极震区毁坏15条干线公路,致使20余个县城和乡镇完全封闭,严重地阻碍了救援工作;由于没有监测设施,指挥部门难以获得前方路况信息,救援指挥决策缺乏依据,给汶川地震抢险救灾应急决策带来极大困难,影响到抢险救灾的成效。

5. 受条块分割的管理体制限制,公路部门治灾"不上山、不下河",难以进行源头治理,大规模公路灾害成为治理难点或盲点,埋下灾害隐患

长期以来,我国受条块分割的灾害管理体制限制,形成了分部门的灾害管理模式,缺乏统一有效的减灾管理协调体系,出现涉灾部门减灾工作分散、重复、缺位和整合难度大的情形。

我国涉灾部门职责各异,管辖范围不同,在公路重大灾害防治方面的现状是:公路部门负责路域内的防护工程,国土部门负责危害城镇、乡镇、居民点的地质灾害,水利部门负责河道整治问题。受条块分割的管理体制限制,公路部门对路域范围以外的灾害处置(上山、下河)有难度;受投资限制,公路部门本身也"不愿上山、不愿下河、主要保路"。灾害源头延伸至路域以外的泥石流和滑坡多为大规模灾害,而上述两大因素综合造成公路部门对大规模公路灾害只能被动防护,"不上山、不下河",难以进行源头治灾。公路灾害治理形成治山难、治水难、只能保路的被动局面,大规模公路灾害成为治理难点或盲点,埋下灾害隐患。

汶川地震灾区灾后重建的公路,如国道213线、省道303线、绵(竹)茂(县)公路等,在初期重建中主要考虑公路的安全通过,采用局部防护(如明洞防护)、边坡治理等措施,没有从整个流域来规划泥石流防治工程,也没有考虑泥石流一旦进入主河对岷江河道的影响及次生灾害对上下游公路的影响。重建公路抗灾能力低,在震后的4年时间里,每逢雨季,泥石流、滑坡、崩塌等地质灾害致使"生命线"数度中断。最为严重的是2010年8月13日至14日,降雨激发了公路沿线大面积群发性泥石流,国道213线映秀至汶川县城之间就有16处沟谷暴发泥石流,造成国道213线全面中断;省道303映秀—耿达段和绵茂公路汉旺—清平段大部分被淤埋和冲毁,被迫重新设计建设。

二、减灾建议

为了解决上述西部山区公路建设和运营期间的减灾防灾问题,保障交通安全与运力发挥，咨询组提出以下对策建议。

1. 在西部山区鼓励采用隧道工程，实现公路建设跨越式发展

山区自然条件的特点是地形艰险，重力类灾害发育。在地形制约下要满足公路线形要求，高等级公路常常只能以桥隧工程为主体克服地形制约，由于桥隧工程对重力作用类灾害具有较强的抗灾能力，桥隧比高的公路抗灾能力普遍较强。目前，我国西部山区的干线公路仍以盘山路（明线）为主，隧道与明线比低于5%（其中西藏只有一个隧道），特别是低等级公路，仍然是沿河路随弯就势，越岭路盘山过垭口。今后的发展规划中强调了公路建设等级的逐步升级，在个体工程布置时还应鼓励多采用隧道工程。

一二十年前，山区普通公路隧道工程造价（建安费）一般是路基的5倍以上。近年来，随着技术的进步，以机械施工为主的隧道工程造价有明显下降的趋势，而以机械和人工联合施工的明线公路造价有上升趋势；考虑到隧道路段裁弯取直缩短线路长度的结果，两种工程造价的差距大为减少；再考虑到由于公路总里程的缩短导致车辆运营成本的降低、隧道避灾节省的灾害治理费用和后期维护抢通费用，以及运行条件的改善等因素，隧道方案的综合效益一般会大于盘山公路。例如，国道318线全长4176米的二郎山隧道缩短里程25千米，其造价与修建盘山路相当，避开了原来翻山时经常遇到的雨、雾、冰、雪、冻、滑坡、坍塌及泥石流灾害，结束了几十年的单向管制通车，保证了全天候通车，在汶川地震极震区所有公路被毁的情况下，成为绕道马尔康进入汶川实施救援的生命通道。拟建的雅（安）康（定）高速公路的F线方案二郎山隧道采用了长隧道（13 360米），虽然较K线方案的隧道（11 945米）长了1.5千米，但由于建设总里程缩短了8.84千米，工程造价（F线449 472万元，K线567 070万元）反而降低了11.8亿元；而且由于总里程的缩短，考虑20年车辆运营成本后，F线又比K线节约8.22亿元。该例说明利用长隧方案缩短线路长度，可能在初期工程投资和运营成本两方面均占优势。

但是，目前我国山区干线公路（国道和省道）建设仍然强调节省初期建设成本，忽略对未来工程受灾风险的考虑，限制了隧道桥梁方案的采用，使得公路抗灾能力低下，公路灾害频繁，公路运行处于断道—保通的状态，维护改造费用极高，严重限制了运力发挥，不符合山区公路建设与运营的实际。

公路等级的逐步升级是必要的，但对于西部那些"特别重要"的少数干线公路来讲，在公路建设时应该进行"全寿命成本核算"，把后期因灾抢修保通和治灾的费用前移，一并纳入初期投资中，提高公路建设的投资标准，直接把公路等级提升为高等级公路，实现跨越式发展。建议国家对实行跨越式发展的那些西部公路建设，给予政策和财政方面的大力支持。具体实施可从以下两个方面考虑。

1）从路网层面推进西部山区重要干线公路跨越式发展，保障国家大动脉畅通。建议在进一步解决西部公路总量不足、质量偏低的问题时，把公路防灾与路网改造相结合，考虑国家能源资源开发基地、资源深加工基地、战略性新兴产业基地的战略需求，采取适度超前的跨越式发展战略，对灾害严重地区的重要干线公路（如通往中东部地区的骨干运输通道、跨境对外运输通道、省际运输通道、服务于资源开发和能源运输的通道、通往地区综合交通枢纽的通道），在既有线改建和新线建设时，一次到位，按照高等级公路标准建设，并在地表灾害密集和越岭区段优先考虑隧道避灾，提高公路的抗灾能力。

2）明确路网中具有生命线性质的线路，制定专门的设防原则与抗灾标准，保障生命线的畅通。汶川地震中地区性交通瘫痪痛失救援时机的教训使我们认识到，生命线工程要求具有较高的抗灾能力，巨灾时保证通畅或短期可修复。建议首先从路网层面，明确哪些是具有生命线性质的公路；其次，基于生命线公路的特殊性，应以规范形式制定专门的设防原则与抗灾标准，提高其设防等级；再次，在个体工程布置上，以抗灾能力为控制参数，尽量采用隧道，以保障巨灾时能够发挥其生命通道的功能；最后，有条件时，应规划和实施多回路生命线线路。汶川地震灾区恢复重建时，已痛定思痛，在一些受灾形成孤岛的城镇开辟了第二条生命线公路。例如，都江堰市通虹口除原沿河线外，新建虹口至蒲阳越岭公路；绵竹通清平乡除原汉旺至清平公路外，另建绵竹至茂县二级公路；北川老城至茂县公路震毁后，另辟擂鼓至禹里的越岭路。

2. 建立部门协调联动机制，统一规划，分工负责，落实公路重大灾害防治工作，杜绝工作灾害隐患

在 2010 年"8·14"泥石流重创多条公路干线后，四川省成立了灾害防治协作委员会，专门协调跨部门的灾害治理问题。将映秀至汶川段 213 国道、汉旺至清平公路、擂鼓至禹里越岭路等沿线 38 处以泥石流为主的灾害防治工作统一由国土资源厅领导实施，交通和水利部门配合，取得了成功，迈出了部门联动、整合力量开展公路防灾的第一步。但是，四川省在汶川地震灾区的尝试是针对特定任务的应急措施，解决了暂时的应急问题，对其他的公路重大地质灾害仍然没有长效的部门协调联动机制，没有从制度上根本解决问题。

针对目前我国公路重大灾害防治工作的现状和需求，吸纳四川省在地震灾区重要交通干道沿线重大地质灾害治理的经验，建议从国家层面建立公路、国土、水利等涉灾部门的联动协调机制，设立具有跨部门协调和决策功能的非编制机构，统筹公路工程全线的减灾问题，实现公路灾害统一规划，分工负责，并在体制上加以保障，切实加强和发挥联动机制的领导主体和责任主体作用。例如，可以设立省一级政府的领导小组或协调工作组，将公路、国土、水利、气象、环保等方面的管理部门的防灾工作加以整合，集成各部门的技术力量，组织统一的专家委员会和勘查设计队伍，系统调查公路建设项目全线的灾害，共享既有勘查成果，整体规划公路防灾减灾工作，审查灾害治理工程方案和公路路线设计方案。然后，根据任务性质和工作侧重，分别由公路、国土和水利部门实施预防和治理工程，并协调地质灾害治理工程实施中的交通管制、线路调整、穿路桥涵及跨路明洞渡槽工程兴建，以及防洪河堤、河道清淤与顺河线路工程的衔接，彻底改变公路减灾不治山、不治水、只保路的被动局部防灾局面，形成部门联动、分工合作、路域内外同时整治、灾害源区治理和公路保护协同减灾的新格局，切实落实公路重大灾害防治工作，杜绝未来灾害隐患。

3. 加强地质灾害勘察，完善公路减灾工程技术规范，建立灾害监测预警体系

要解决上述西部山区公路建设和运营期间的减灾防灾问题，保障交通安全与运力发挥，必须从源头上解决根本问题，从公路建设运营的全过程，完善防灾规范，调整管理策略，发展关键技术，用科学的技术手段和管理机制建设安全可靠的西部山区公路，保障西部发展、边疆贸易和国防安全。以下提出完善西部山区公路减灾技术的建议，供公路部门参考。

（1）切实重视地质灾害勘察，保障地质勘察工作周期，完善公路减灾勘察技术规程，准确判识潜在灾害风险，为公路选线设计提供充分可靠的基础数据

国内外公路建设与运营的实践表明，山区公路灾害防治以在勘察设计阶段就着手最为主动。公路部门目前尚无针对泥石流、滑坡的专门灾害勘察规范，与这些灾害勘察有关的内容包含在公路工程勘察规范之中，论述不够详尽，特别是潜在灾害的判识和潜在风险的评估部分非常单薄，不能满足选线设计特别是局部线路避灾选线设计的需求，从而导致在勘察阶段对潜在灾害风险判识不准，影响到工程设计的减灾效果，埋下后期灾害隐患。因此，建议补充山区公路灾害勘察的内容，最好编制山区公路泥石流、滑坡等针对具体灾种的勘察技术规范，增强技术规范的约束性和可操作性，充分认识地质灾害的形成条件、活动特征和发展潜势，为公路选线设计提供充分可靠的基础数据。

同时，要切实重视灾害勘察工作，留出适当的勘察周期，保障勘察的质量。勘察队伍也应该尽量专业化。对于复杂地质条件下的公路灾害勘察任务，必须列专项实施，并委托具有较高勘察资质的单位承担。

（2）切实贯彻地质选线原则，强调源头避灾，重视隧道方案综合效益，完善公路减灾工程技术规范，有机配置减灾工程与公路构筑物，提高山区公路抗灾能力

目前还没有专门的适应不同等级公路安全要求的减灾设计技术规范，现有公路工程设计规范中只有对具体灾害的处置技术规定。同时，现有规范着重于解决公路病害出现时的处置技术，缺乏从选线设计源头防灾的技术支撑，公路减灾处于被动防御状态。建议编制专门的针对具体灾种的山区公路灾害防治设计规范，弥补目前技术上的不足，使得山区公路减灾工程设计有规可循，保障公路建设的安全需求和新建公路的抗灾能力。

在编制山区公路灾害防治设计规范时，要充分认识环境对公路工程整体布局的影响，强调避灾选线的原则，从线路走向、标高确定、局部方案优化选择三个层面，最大限度地实现避灾目标。在线、桥、隧的布设时，应尽可能以"少扰动或不扰动边坡"为原则，尤其是通过灾害易发区域时，以远离边坡为宜，充分发挥隧道和桥梁的避灾功能，摒弃传统的"沿河修建"的思路，尽量减少路基，代之以"隧道＋连接桥梁于中、高位展布通过"的原则，适当提高隧线比，利用隧道桥梁技术避灾，河谷线宜采用小于300米的短隧道避灾，越岭线宜采用长大隧道以有效减少盘山路段。对于泥石流和滑坡等制约性灾点，要充分认识潜在风险，在公路主体工程设计时，避免把构造物设在不良地质体上，构筑物应具有一定的抗灾能力（如考虑桥梁的净空和桥墩的防护工程），同时合理配置灾害整治措施，主动预防灾害，保障道路安全。

（3）开展西部山区公路灾害调查，构建西部公路灾害监测预警体系，实现干线公路灾害的实时预警

我国目前重、特大自然灾害和突发性事件频发，交通运输安全保障和应急处置体系亟待进一步加强。建议开展我国西部山区公路灾害调查，建立灾害数据库，与现有的公路技术数据库（CPMS）和桥梁技术数据库（CBMS）对接，在干线公路的重要灾害路段布设监测预警设施，构建西部公路灾害监测预警体系，并与气象部门的灾害预测预警平台对接，实现干线公路灾害的实时预警。同时，建议在全国选择试验路段进行技术示范，逐步完善技术，推广应用。

（本文选自 2012 年咨询报告）

咨询组人员名单

陈 颙	中国科学院院士	中国地震局
孙鸿烈	中国科学院院士	中国科学院地理科学与资源研究所
秦大河	中国科学院院士	中国气象局
李德仁	中国科学院院士	武汉大学
尹 军	参 赞	中华人民共和国驻意大利大使馆
王国峰	总工程师	中国公路工程咨询总公司
黄鼎成	研究员	中国科学院地质与地球物理研究所
廖明生	教 授	武汉大学
姚令侃	教 授	西南交通大学
崔 鹏	研究员	中国科学院成都山地灾害与环境研究所
Rinaldo Genevois	教 授	University of Padova
Douglas Hamilton	高级工程师	Exponent
朱光仪	副总工程师	中国公路工程咨询总公司
李 丽	研究员	中国地震局
刘云辉	副院长	四川省交通厅公路规划勘察设计研究院
刘 杰	二 秘	中华人民共和国驻意大利大使馆
张翼燕	三 秘	中华人民共和国驻意大利大使馆
孔亚平	研究员	交通运输部科学研究院
游 勇	总工程师	中国科学院成都山地灾害与环境研究所
程尊兰	研究员	中国科学院成都山地灾害与环境研究所
王全才	研究员	中国科学院成都山地灾害与环境研究所
陈晓清	研究员	中国科学院成都山地灾害与环境研究所
张小刚	副研究员	中国科学院成都山地灾害与环境研究所
王 云	副研究员	交通运输部科学研究院
李树鼎	工程师	四川省交通厅公路规划勘察设计研究院

三江源区生态保护与可持续发展咨询建议

秦大河 等

三江源区包括青海省玉树、果洛、海南、黄南 4 个藏族自治州的 16 个县和格尔木市的唐古拉山乡，总面积为 36.31 万千米², 现有人口超过 60 万。源自三江源区的径流量分别约占长江、黄河和澜沧江年径流量的 2%、49% 和 15%，是我国和东南亚地区重要的水源涵养区。三江源区是世界高寒生物资源和各类高寒生态系统的主要分布区，对生物多样性保护以及亚洲东部大部分地区乃至全球气候具有重要影响。

一、三江源区建设已取得的成效

自 2005 年中央财政投资 75 亿元人民币启动三江源生态保护建设工程以来，三江源区的生态建设和民生改善均取得良好成效。

1. 草地退化和土地荒漠化得以遏制并有所好转

三江源区自 20 世纪 60 年代后，总体处于草地植被覆盖度下降、湿地萎缩和土地荒漠化为主要形式的持续生态退化状态，各类高寒生态系统均呈现不同程度的面积缩减和退化。2005 年启动生态保护建设工程以来，草地植被覆盖度整体提高 3.1%，12.2% 的退化草地出现好转，草地平均产草量增加了 24.6%，荒漠化土地面积减少了 0.74%，草地生态状况开始明显改善，林灌地郁闭度有所增加，土壤侵蚀敏感性和强度降低，水土保持能力增强，生物多样性得到了较好保护。研究监测表明，生态恢复和改善主要是生态建设工程的成效，区域降水的增加也起到一定作用。

2. 工程实施区的农牧民生活和生产条件有所改善

三江源区是我国贫困地区，经济规模小、发展水平低、增长速度缓慢，2005 年农牧民人均收入不到全国平均水平的 2/3。生态建设工程实施，尤其是生态移民和小城镇建设等项目的实施，使生态移民社区的基础设施得到进一步完善，与迁出区相比，搬迁牧民的生产和生活条件发生明显变化，牧民就医难、子女上学难、行路难、吃水难、用电难、看电视难等问题得到较好解决。五年来，农牧民每年户均增收 2 万元，纯收入年均增长了 8%。

二、存在的问题

1. 草地畜牧业生产方式落后，生态建设与生产发展的矛盾没有解决

草地畜牧业粗放式经营模式难以为继，生产方式原始，生产效率低下，抵御自然灾害的能力差，牲畜饲养周期过长，"夏饱、秋肥、冬瘦、春死亡"的恶性循环没有得到根本性的改变，这种生产方式导致的过度放牧仍然是区域草地退化的根本所在。

对三江源区特殊高寒生态系统的演化规律、生态过程和生态功能缺乏深入系统的科学认识，对退化生态系统恢复的技术和模式研究不足。

畜牧业生产和发展方式落后，缺乏与生态保护相适应的畜牧业生产新技术与管理模式。

2. 生态移民实现"稳得住"和"能致富"尚未破题

生态移民工程涉及三江源 18 个核心区牧民的移民搬迁，已移民人口达 55 773 人。在生态移民过程中，对独特的民族文化、当地居民生产生活方式和移民对生活环境的依赖等移民工作中的问题缺乏深刻认识和系统预案；对生态移民后续产业的前瞻规划缺失、培育不够，效果不明显；对缺乏其他劳动生产技能的移民，相应的职业技能培训工作没有跟上。对移民小城镇基础设施薄弱状况重视不够、投入不足、建设质量低下。

因此，移民的生产生活可持续发展能力受到挑战，在解决了温饱问题之后面临着如何持续增收致富、如何全面建设小康社会等困境。

3. 生态补偿标准低，缺乏科学依据和长效机制

目前，三江源区生态补偿方式主要有以下两种类型：一是退牧还草工程补偿，主要包括每年每户3000~8000元不等的饲料粮款以及800~2000元不等的取暖与燃料补助；二是国家其他生态建设工程补偿，包括退耕还林（草）工程、天然林保护工程、生态公益林补偿、封山育林工程等，标准一般在1.75~5元/亩[①]。存在的主要问题包括：补偿标准偏低且固定不变，补偿缺乏科学依据，难以应对物价上涨、人口与户数增加的现实；补偿资金来源渠道单一，主要依靠中央财政转移支付，其他受益方未参与补偿；补偿方式缺乏长效性等。

---

① 1 亩 ≈ 666.7 平方米。

三、建　议

三江源区是我国最重要的生态屏障之一，其可持续发展受到党和国家的高度重视，发展前景良好，有望建设成为具有全国示范、全球影响的生态保护综合试验区。为此，特提出以下建议。

1. 积极推进畜牧业生产方式转换和升级，实现畜牧业生产与生态保护共赢

开创高寒草地现代生态畜牧业生产的新模式，将单一依赖天然草地的传统畜牧业转变为"暖季放牧＋冷季舍饲"两段式新型生态畜牧业生产模式。建议国家支持建立规模化人工饲草料基地和育肥基地；将种粮直补政策延伸到生态草业发展领域；大力扶持三江源区绿色产品认证，建立以生产高附加值的有机畜产品的可追溯生产、加工及物流体系；推进以牧业合作社及土地流转为突破口的新型牧业合作组织管理模式。

研发生态恢复与生产发展的关键技术，构建高效生态畜牧业、特殊生态环境的可持续发展模式。建议国家建立三江源区生态保护与可持续发展研究重大专项。

2. 高度重视做好生态移民及后续产业发展工作

积极发展就业移民、教育移民等可持续移民方式。

实施就业移民，加强政策引导，创造劳务移民与城市居民或产业工人享受同等待遇的社会环境，建立促进三江源区人口向发达经济区、城镇转移的长效机制，在区外建立三江源区就业技能培训基地，提高青年人区外就业能力。

实施教育移民，依托对口帮扶机制，采取"集中增点、分散接纳"相结合的方式，扩大异地教育规模，增强教育移民能力。

加大对生态畜牧业、民族传统产业、文化产业、旅游产业、畜牧产品深加工业等的政策倾斜和扶持力度，加大对龙头企业的财政金融支持，加大对特色优势产业的关键技术研发的投入。

3. 建立和完善有利于共同繁荣的长效生态补偿机制

出台《三江源区生态补偿办法》，建立和完善生态补偿的长效机制，制度化地明确生态补偿的原则、标准、对象、方式、补偿资金等，长期、持续地补偿三江源区的生态保护工作。

坚持国家购买生态服务的方式，加大中央财政转移支持力度，在中央财政预算支出科目中增加"三江源生态补偿"专项科目，保证生态补偿资金政策的稳定

性和连续性。

建立多元化的三江源生态补偿基金，探索和拓宽生态补偿资金的来源渠道，鼓励社会力量支持三江源区生态保护和建设工作。

加强三江源区生态环境变化的长期系统监测、生态系统碳汇及水源涵养等生态功能的变化研究，探索基于生态系统碳汇、水源涵养及供给、生物多样性价值可量化的生态补偿办法。

（本文选自 2012 年咨询报告）

咨询组主要成员名单

秦大河	中国科学院院士	中国科学院寒区旱区环境与工程研究所
陆大道	中国科学院院士	中国科学院地理科学与资源研究所
程国栋	中国科学院院士	中国科学院寒区旱区环境与工程研究所
李小文	中国科学院院士	中国科学院遥感与数字地球研究所
赵新全	研究员	中国科学院西北高原生物研究所
丁永建	研究员	中国科学院寒区旱区环境与工程研究所
张志强	研究员	中国科学院兰州文献情报中心
欧阳志云	研究员	中国科学院生态环境研究中心
王根绪	研究员	中国科学院成都山地灾害与环境研究所
李晓南	高级工程师	青海省三江源办公室
解　源	研究员	青海省科学技术厅
孙发平	研究员	青海省社会科学研究院
周华坤	研究员	中国科学院西北高原生物研究所
郑　华	副研究员	中国科学院生态环境研究中心
徐世晓	研究员	中国科学院西北高原生物研究所
赵　亮	副研究员	中国科学院西北高原生物研究所
苏海红	研究员	青海省社会科学研究院
李发祥	高级工程师	青海省三江源办公室

农业生物恐怖的可能与预防策略

张亚平　等

农业生物恐怖是特指那些恶意利用有害生物破坏农业生产的活动，已成为发达国家重点考虑预防的社会突发事件。农业生物恐怖不直接以民众为攻击目标，但具有突然性、隐蔽性和广泛危害性等特点，也可以引起重大农业损失和社会动荡，被认为是仅次于传统战争的重要进攻手段。我们通过对国际农业生物恐怖事件、形式、特征，以及各国应对生物恐怖的防御措施的研究，结合我国可能遭受农业生物恐怖袭击的危险和应对能力状况，提供了最有可能被用于农业生物恐怖的生物种类名单和恐怖事件的判别方法，在农业生物恐怖的立法管理、建立评估专家委员会、加强科技支撑等方面提出了相关建议。

一、国际农业生物恐怖概况与特征

生物恐怖指的是利用可在人与动物之间传染或人畜共患的感染媒介物（如细菌、病毒、原生动物、真菌），将其制成各种生物制剂，发动攻击，致使疫病流行，人、动物、农作物大量感染，甚至死亡，造成较大的人员、经济损失或引起社会恐慌、动乱。农业生物恐怖是使用各种方法攻击农业企业或食品工业。攻击田地和农场，自然要比攻击军事基地或政府大楼容易得多，而造成的损失和影响则是不可估量的。据美国国会研究部门统计，如果恐怖分子进行生物攻击，致使动物疾病流行，将会造成 100 亿 ~300 亿美元的损失。不少农业病虫害曾经被用于军事目的，制造生物恐怖。例如，1943 年，德国空军向英国的怀特岛投撒了一集装箱马铃薯甲虫（该害虫于 1993 年 5 月被发现入侵我国），使土豆种植者遭受了重大的损失；1950 年，苏联报道第二次世界大战期间美国使用飞机在东德土豆田里撒了数百万只马铃薯甲虫，以削弱德军食品和蔬菜的供应；1970 年，安哥拉民族解放阵线指责葡萄牙殖民者使用飞机在田地上空播撒化学制剂，导致农作物大面积死亡；1996 年，美国指责古巴对佛罗里达州的橙子种植园进行霉菌攻击，导致作物死亡。

美国 1996 年颁布了《国家入侵物种法》。1999 年美国发布《入侵物种法令》，该法令建立了由农业部牵头，联合财政部、国防部、内务部、商业部、交通部、国土资源部和环境保护署等十几个部门组成的入侵物种委员会和非联邦入侵物种咨询委员会（JSAG），统一管理入侵物种问题，制订了20年的系统规划，从领导协调、预防、早期检测与快速反应、控制和管理、生态重建、国际合作、研究、信息管理、教育和宣传等九个方面制订了具体的行动计划。2001年，美国成立全国生物安全专家委员会，农业生物安全被提升为美国国防安全的一个重要组成部分。美国国会还通过联邦财政的预算应急机制，设立专门的"生物安全应急行动基金"以应对农业生物安全突发事件。2002年，美国颁布了《公共卫生安全和生物恐怖防范应对法》，被称为美国的"农业生物反恐法"，采取强制性政策加强农业生物反恐的实验机构、设施和体系建设。英国政府通过《民间意外事故法案》，授权安全部队在英国本土遭到生化袭击的情况下，强制在首都伦敦及其他城市大部分区域设立隔离地带，引导人群疏散和接受检疫。日本内阁于2001年确立了《处理生物化学恐怖政府基本方针》，相关职能部门据此制定了各自的防生化袭击对策、措施，农业生物反恐可通过保障农作物安全来实现。印度也是容易受农业生物恐怖袭击的国家，近年来特别加强了预防生物入侵力度。

在农业恐怖生物研究领域，美国采取不培养外国科学家、不吸纳外国科学家参与、不公开发表论文、研究设施与机构置于国土安全部与军方的严格保卫之下等秘密方式进行。

农业生物恐怖与一般有害生物发生危害相比具有一些明显特征：①突然性，没有任何前兆和有害生物的累积过程；②广泛性，往往多点同时暴发，不存在有害生物的扩散过程和联系；③隐蔽性，传播、扩散往往利用商品流通和旅客流动作为掩护；④人为性，通常是外来有害生物，利用本地缺乏天敌以及人们防控经验的不足而造成重大损失；⑤针对性，通常针对某种对一个国家、地区主要产业影响巨大的作物，并且在最主要的产区发生；⑥易得性，容易人工培养或繁殖，实施者很容易获得并保存；⑦安全性，使用的有害生物对实施者自身没有伤害或者很容易防护。这些特征可以帮助人们判断是否为生物恐怖并对农业生物恐怖活动的危害进行科学评估。

二、可用于制造农业生物恐怖的生物类群

就狭义农林业（种植业和林业）而言，可以制造农业恐怖的有害生物也几乎包括所有动物（包括昆虫等无脊椎动物）、植物和微生物的许多类群。这里主要针对我国重要粮食作物和优势水果（水稻、小麦、棉花、玉米、马铃薯、苹果、梨、香蕉、柑橘、葡萄）以及人类健康，列出了最可能被用于农业生物恐怖的18种生物种类。

1）水稻稻瘟病菌（针对水稻），可引起大幅度减产，严重时可达40%~50%，

甚至造成绝收。分生孢子越冬和传播，并且可以大量繁殖，越冬前和插秧后大量分生孢子均可作为恐怖活动的利用途径。

2）稻水象甲菌（针对水稻），主要以幼虫危害水稻根系，可造成严重减产。该虫成虫越冬，寿命长达 70~150 天，并且孤雌生殖，极易扩散传播。大量繁殖并积累的成虫，可以在冬前和插秧后作为恐怖活动的途径。

3）矮腥黑穗病菌（Tilletia controversa Ruhn，TCK）（针对小麦），严重危害小麦，厚垣孢子附在种子外表或混入粪肥、土壤中越冬或越夏。病菌孢子常聚集在一起形成黑粉状，极易被利用攻击小麦安全生产。

4）小麦抗秆锈病菌 Ug99（针对小麦），是国际上著名的小麦流行病菌，常造成 40% 以上小麦无法结穗。联合国粮食及农业组织（FAO）警告，发展中国家 80% 的小麦品种不抗 Ug99。该病菌依靠风媒传播，极易流行并产生危害，且常找不到恶意元凶。

5）扶桑绵粉蚧（针对棉花），是 21 世纪才出现的严重危害棉花的重大入侵害虫，造成 30%~50% 的棉花损失。该虫易于人工繁殖，微小若虫，肉眼不易看清，且极易随扶桑盆花及各种蔬菜传播，容易被作为恐怖生物实施对棉花生产的袭击。

6）玉米根萤叶甲（针对玉米），是 20 世纪末造成世界玉米生产严重损失的入侵害虫，主要以幼虫危害根系造成严重损失。该虫以卵在土壤中越冬，成虫易于繁殖，是最可能被利用并进行大量释放的虫态。

7）马铃薯甲虫（针对马铃薯），世界著名入侵害虫，曾在第二次世界大战中被作为武器使用。成虫越冬并易于大量繁殖和释放，可造成 30% 以上马铃薯、茄子等的损失，严重的时候可以造成绝收，是被生物恐怖利用的非常危险的有害生物。

8）马铃薯晚疫病菌（针对马铃薯），由致病疫霉引起，导致马铃薯茎叶死亡和块茎腐烂，是一种毁灭性真菌病害。病叶上的孢子囊还可随雨水或灌溉水渗入土中侵染薯块，形成病薯，成为翌年主要侵染源。病薯是最危险的传播来源。

9）地中海实蝇（针对各种水果），是著名的毁灭性水果害虫，主要危害柑橘、苹果、梨等水果。幼虫易于随各种水果扩散传播，成虫类似常见苍蝇，释放的隐蔽性强。人工繁殖的成虫可以大量释放并迅速造成危害。

10）苹果蠹蛾（针对苹果），幼虫蛀食苹果，造成严重减产甚至绝收。我国是世界上第一大苹果生产国，也是我国最具有出口优势的农产品，应严防苹果蠹蛾被利用袭击陕西、山东等苹果主产区。

11）梨火疫病菌（针对梨），是欧洲梨树的毁灭性病害，近年来在日本、朝鲜各地发现，严重危害梨的安全生产。花、果实和叶片受火疫病菌侵害后，很快变黑褐色枯萎，犹如火烧一般，但仍挂在树上不落。风、雨、鸟类、蜜蜂和人为因素均可造成梨火疫病病菌的传播，传病距离可达 200~400 米。

12）香蕉穿孔线虫（针对香蕉），可造成香蕉烂根病，是世界范围的香蕉的毁灭性病害。极易随着香蕉、观赏植物和其他寄主植物的地下部分以及所黏附的土壤远距离传播。一旦感染病害，防治极其困难，且多年可能连续受害。

13）柑橘黄龙病植原体（针对柑橘）。柑、橘、橙、柠檬和柚类均可感病，一旦感染，造成稍部枯死，产量损失很大。带病苗木或接穗是远距离传病的主因，因此恶意传播、贩卖带病接穗成为实施恐怖袭击的重要途径。

14）蜜柑大实蝇（针对柑橘）。主要以幼虫危害柑橘，造成严重减产和品质损失。幼虫易于随各种水果扩散传播，成虫类似常见苍蝇，释放的隐蔽性强。人工繁殖的成虫可以大量释放并迅速造成危害。

15）葡萄皮尔斯病菌（针对葡萄）。初期造成焦叶和干叶，很快造成植株死亡，是一种细菌性病害。各种叶蝉、沫蝉（沫蝉科）能传播这种细菌，因此也是被利用实施恶意病菌传播的重要途径。

16）葡萄根瘤蚜（针对葡萄），吮吸葡萄的汁液，在叶上形成虫瘿，在根上形成小瘤，最终植株腐烂，曾摧毁法国、德国和意大利葡萄产业20~30年。该种蚜虫繁殖速度惊人，各个虫态均可随插条、工具和土壤传播扩散。

17）红火蚁（针对人类健康），是一种严重危害人类健康的入侵生物，被叮咬后往往造成剧痛，有些出现严重过敏甚至死亡，其发生危害易于引起社会恐慌、农民闲置土地等。人工大量繁殖的工蚁和带土花盆等均可作为恐怖活动的方法。

18）豚草（针对人类健康）。花粉含过敏原，是引起过敏性呼吸系统疾病的主要病因之一。由于豚草适生范围广，大量繁殖的豚草往往可以造成部分地区长期的呼吸系统疾病，是恶意敌视社会者利用其隐蔽传播造成破坏的报复方式。

三、我国应对农业生物恐怖的能力

国际刑事警察组织（International Criminal Police Organization，ICPO）认为，生物恐怖主义已经成为全球最大的安全威胁，这不仅仅是因为生物袭击具有巨大的破坏力，还因为世界各国警方对此类袭击都准备不足。这一点在我国尤为突出。与应对农业生物恐怖活动密切相关的管理和科研机构主要为农业部、国家林业局、国家质量监督检验检疫总局、环保部、中国科学院，以及部分大专院校。然而，我们在应对利用貌似和平的生物进行"攻击性"作战的危险方面还缺乏足够的认识和机构保障。

四、应对农业生物恐怖的建议

1）成立"国家农业恐怖事件专家评估委员会"，并由农业部等筹备建立"国家预防农业生物恐怖事件管理办公室"，协调国家有关部门对每年发生的严重的生物入侵事件进行专门调查、评估，确定是农业生物恐怖事件还是一般的病虫害，对有关管理部门提供防控方面的指导和咨询并实施监管。

2）在国家考虑制定的《植物保护法》或者修订相应的《植物检疫条例》或《农作物有害生物防治条例》等法律、法规中，增加"农业生物恐怖科学评估与应急管理"条款，以国家法律的形式规范对入侵生物的预警以及对农业生物恐怖事件的应急处理等提供保障。

3）科技支撑特别专项布局，主要包括恐怖性有害生物的鉴定技术、农业有害生物普查体系、国际农业生物恐怖信息库建设，并在有关生物多样性和生物入侵方面的 973 项目、863 项目和国家自然科学基金重点项目等布局上述研究工作。

（本文选自 2012 年咨询报告）

咨询组主要成员名单

张亚平	中国科学院院士	中国科学院
方荣祥	中国科学院院士	中国科学院微生物研究所
张润志	研究员	中国科学院动物研究所
张克勤	教　授	云南大学
桑卫国	研究员	中国科学院植物研究所
彭　华	研究员	中国科学院昆明植物研究所
高　云	博　士	中国科学院昆明动物研究所

咨询专家名单

匡廷云	中国科学院院士	中国科学院植物研究所
郑光美	中国科学院院士	北京师范大学
吴孔明	中国工程院院士	中国农业科学院
尹伟伦	中国工程院院士	北京林业大学
张芝利	研究员	北京市农林科学院
夏敬源	主　任	全国农业技术推广服务中心
黄冠胜	司　长	国家质量监督检验检疫总局
朱广庆	副司长	中华人民共和国环境保护部
朱恩林	处　长	中华人民共和国农业部

关于大力加强我国煤炭开采
安全工作的建议

严陆光　等

　　我国一次能源消耗长期以来一直以化石能源为主，研究认为 2020 年前虽然化石能源所占份额将有所下降，但其数量仍在增长，其中煤炭所占的份额和生产量均占首位，保证我国煤炭可靠安全的供应依然是我国能源工作的重要方面，而煤炭开采安全的问题仍将是能源领域乃至全国人民关心的重大问题。

　　煤炭行业属于高风险行业，近年国家大力加强煤矿整治，煤炭开采安全的情况已有好转，但总体形势依然严峻，不容乐观。近年来，尽管我国开始尝试建设了兖州、神华等一批安全与生产居世界一流的现代化矿区和大型矿井，还关闭了数以万计的乡镇煤矿，提高了煤矿开采安全水平，但我国煤矿伤亡事故的严重局面仍然没有得到有效控制。矿井因采动引起的顶板、透水、冲击地压等事故仍频繁发生，严重威胁我国煤矿安全生产，影响采煤工业发展形象。

一、煤矿开采安全的主要特点

1. 中国煤矿的安全形势日趋好转

　　我国煤矿每年死亡人数呈下降趋势：由 2002 年的 6995 人下降到 2009 年的 2700 人。百万吨煤死亡人数下降趋势尤为明显，由 2001 年的 4.11 人下降到 2009 年的 0.93 人。我国煤炭开采安全形势日趋好转。

2. 煤矿安全事故死亡总人数有所下降，但特大型事故死亡人数仍在上升

　　虽然煤矿安全事故每年死亡总人数有所下降，但是特大型事故死亡人数仍在上升，从 1999 年的 1165 人上升到 2005 年的 1739 人。特大型矿难的教训十分深刻。

3. **煤矿采掘工作面安全事故（如瓦斯爆炸、顶板、透水、溃水等）有逐年上升的趋势，其预防与控制没有取得突破性进展**

2004 年顶板事故死亡人数为 2309 人，占死亡总人数的 38.3%；瓦斯事故死亡人数为 1900 人，占死亡总人数的 31.5%。到了 2007 年，顶板事故死亡人数为 1518 人，占死亡总人数的 40%；瓦斯事故死亡人数为 1086 人，占死亡总人数的 28.6%。数据表明，涉及采掘工作面的安全事故有逐年上升的趋势。

4. **在煤矿安全事故中，采动所引起的安全事故占较大的比重**

与采掘工作面相关的安全事故死亡人数约占总体死亡人数的 80%。重大瓦斯爆炸事故、冲击地压事故、上百米工作面塌垮的重大顶板事故，以及淹没矿井的水灾、造成窒息的火灾等重大事故仍然是目前煤矿职工生命的重大威胁。

目前，我国开采百万吨煤的死亡人数与世界最好水平的死亡人数有量级的差距，死亡人数明显高于世界最好水平。煤矿矿难事故时有发生。认真研究我国煤炭开采安全工作的现状和存在的问题，研究矿难的成灾原因及防灾减灾对策，大力推进煤炭开采安全，是十分必要的和紧迫的。

二、煤矿开采安全的主要问题和分析

1. 煤矿开采重大灾害的形式与成因

我国煤炭开采安全重大灾害主要表现为如下七种形式。

1）煤矿瓦斯灾害。煤矿瓦斯是影响煤矿安全生产的重大因素。近年来，多地发生多起特大瓦斯爆炸事故：2004 年 11 月 28 日，陕西省铜川市陈家山瓦斯爆炸事故，死亡 166 人；2005 年 2 月 14 日，辽宁阜新孙家湾煤矿特大瓦斯事故，死亡 214 人；2009 年 11 月 21 日，黑龙江鹤岗新兴煤矿瓦斯爆炸事故，死亡 108 人。随着煤炭资源由浅部转向深部开采，瓦斯含量迅速增加，而且深部煤层处于较高的温度环境下，更易引起煤层的自燃发火、触发矿井火灾、引起瓦斯爆炸事故。

2）顶板事故。顶板事故是造成伤亡最多的主要事故。2007 年，顶板事故死亡人数为 1518 人，占死亡总人数的 40%。当前，我国采掘工作面顶板伤亡事故的比重仍然保持在 45% 左右。中小煤矿顶板伤亡事故尤为严重，其比重已超过 50%。由于控制设计及管理等方面的问题，大范围支架倾倒或压死压坏的重大事故仍时有发生。在动态煤矿压力作用下围岩破裂失稳是引发矿井重大工程灾害的根本原因。

3）冲击地压。强度较高的煤层，受构造运动和采场推进而形成的高度应力集中和高能级的弹性变形能，是冲击地压发生的根本原因。2011年11月3日，河南省义马煤业集团千秋煤矿发生一起重大冲击地压事故，造成10人死亡。掌握煤田构造应力的分布，采用不同开采方法、不同开采参数和不同开采程序，释放煤应力和能量积聚，是预防冲击地压的关键。

4）水灾。矿井水灾问题已经严重影响和制约了煤矿安全和高效生产。2007年8月17日，山东省新泰市华源矿业公司发生溃水淹井事故，造成172人遇难。2010年3月28日，山西王家岭煤矿发生透水事故，造成38人遇难。威胁各矿区的水源种类有地表水系、地下岩层孔隙水、基岩层孔隙水、基岩层的裂隙水和岩溶水等，加之致灾因素众多，所以矿井水灾发生的频率大，严重度高，水灾伤亡惨重，亟待进一步研究灾害机理及预防手段。

5）矿内火灾。在全国重点煤矿中，有自燃发火威胁的矿井约为48%。2010年7月17日，陕西省韩城市小南沟煤矿发生重大火灾事故，造成28人死亡。有些煤矿在浅部开采时是低瓦斯矿井，到深部开采时转型为高瓦斯矿井，深部煤层处于较高的温度环境下，更易引起煤层的自燃发火、触发矿井火灾事故。矿井火灾事故会造成大面积的群死群伤。

6）矿山滑坡。矿山滑坡是矿山最常见的地质灾害，也是发生频度最高、对矿山安全影响最大的灾害。矿山采用崩落法开采和大量抽排地下水，常常导致地表山体崩塌和滑坡。

7）开采沉陷灾害。在城镇密布、人口稠密的地区，地面塌陷所带来的灾害性后果更显突出。特别是目前大采高开采条件下，地表沉陷深度会高达开采厚度的80%~90%。淮北矿区从投产之年至2000年，塌毁农田累计达10余万亩。沉陷区的土地和建筑物遭到破坏，损失严重。开采沉陷还会对环境造成严重后果，如改变土壤物理性质、破坏地表水、沉降区积水、地表裂缝或塌陷坑等。

2. 煤矿事故控制研究现状

我国煤矿复杂的地质条件决定了灾害事故的多样性和复杂性，瓦斯等主要灾害受地质条件的控制。对煤与瓦斯突出、冲击地压等致灾机理、灾害演化过程不能完全认识，也影响了防灾减灾关键技术的突破。迄今我国对矿山开采重大灾害的研究，仍然处于对矿山开采重大灾害成灾机理不清晰、不系统的阶段。这是当前煤矿事故频繁、重大事故和环境灾害不能从根本上得到控制、开采经济效益不好的重要原因之一。主要表现为以下几方面。

1）事故控制理论研究不够深入。包括：事故原因和有效控制理论不健全；事故原因及有效控制的信息基础，特别是原始和采动基础信息不够明确；事故预测和有效控制的（定量）准则不够科学。

2）事故控制技术和管理手段不够系统。包括：信息采集手段不完善，运行可靠程度不高；没有建立起从信息采集、整理分析决策和实施管理一体化的完整体系；没有实现煤矿安全开采决策和实施管理运作自动化。

3）各类重大事故发生发展的共同本质不清。包括：没有掌握采动围岩运动和应力场变化规律，没有构建重大事故预测和控制的统一体系和信息基础，各类重大事故研究还处于孤立分隔的状态。

3. 煤炭开采技术发展的方向

煤炭开采技术发展的方向及相关技术突破的重点包括以下三个方面。

（1）生产装备机械化、自动化

依据顶板控制设计理论，突破适应各种地质开采技术条件的数字信息控制机电一体化装备，实现采掘工作面生产综合机械化、自动化，从根本上解决顶板事故灾害控制问题。相关技术突破重点包括：中小型煤矿薄及中厚煤层易拆装电液控制轻型综采支架的设计和制造问题；实现支护机械化自动化的综掘装备设计和实现机械化开采。

据统计，我国现有生产煤矿中，综合机械化的煤矿 715 处，仅占煤矿总数的 5.27%；高档普采和普采为 363 处，占煤矿总数的 2.67%；而非机械化的炮采为 11 118 处、手工采煤 1384 处，各占煤矿总数的 81.87% 和 10.19%，占绝大多数，要完成全部机械化开采还任重道远。

（2）实现无煤柱充填开采

以井下矸石为绿色高强充填材料，实现无煤柱充填开采，以控制瓦斯、冲击地压、水害等重大事故和环境灾害问题。相关技术突破重点包括：无煤柱充填开采设计决策理论和模型建设；以井下采集矸石为主体的绿色高强充填材料制备，减少充填量，降低成本；井下矸石采集及充填技术装备研制。其中，充填（条带）开采是对岩层扰动最小的控制技术，是应该扩大实用的绿色开采技术。

（3）提高煤矿现代化管理水平

实现煤矿安全高效开采决策和实施管理的信息化、智能化、可视化和自动化。主要任务包括：①抓住采动前后地质和应力场变化规律这个核心，深化重大事故预测和控制理论及相关信息基础的研究，奠定自动化决策的理论基础。②深化事故预测和控制决策软件的相关信息采集手段的研究，奠定控制决策自动化的技术基础。

三、与煤矿开采安全相关的其他科技问题

（1）供电安全

煤矿安全供电是日常生产和灾害救援的重要条件。煤矿电力系统是一个全交流配电系统。系统中的主要电气设备都是按一主一备的比例配置。比较关键的控制、监测、通信系统，还配有单独的不间断电源作为保安电源，以保证供电可靠性。目前，尚没有出现因供电系统故障造成的重大煤矿安全事故，但整个煤矿短时停电的情况时有发生。

煤矿供电安全存在的主要技术问题有：①继电保护问题；②电源可靠性偏低和电网设计有待优化问题；③井下防潮问题。应在下列方面采取措施：①加强煤矿供电系统继电保护整定的培训和专业人才引进；②尝试在煤炭供电系统引入较为先进的保护技术；③开发或添置能够迅速进行煤矿供电系统继电保护定值计算与更新的软件；④尽可能采用严格的双电源供电；⑤研究煤矿供电系统与其他用电负荷的相互干扰问题，进行优化设计；⑥加强对井下设备防潮的研究。

（2）煤矿安全硐室

煤矿安全硐室在井工矿得到了实际应用，并有效地减少了各种灾害情况下人员的伤亡。安全硐室在国外已经成为煤矿井下必备和有效的安全避难设施，但国内仍处在研发和试用阶段。结合我国的矿井特殊性和生产实际及产业化条件，研制和推广嵌入式多功能矿井安全硐室是一种合理选择。

目前，我国有些大型矿井已设有少数硐室（如中央避难硐室、采区避难硐室、采掘作业面避难硐室），但这些硐室不具备密封、隔断有毒有害气体、隔热、隔火的功能，没有集中供氧系统，没有净化有毒有害气体的设备，没有提供足以维持多人数日的生活必需品。

煤矿安全硐室的技术问题主要存在于行业标准、能耗、通信和工人的操作技能等方面。应在原有的应急预案基础上，尽早建立基于避难所的应急救援体系；及时修订我国的《煤矿安全规程》；尽早颁布我国的煤矿安全硐室行业标准或产品规范；加强矿工日常的安全知识培训，设立安全知识考核测试系统。

四、主 要 建 议

1）继续加强煤炭安全生产的监管，完善安全技术立法，强化安全生产主体责任。要加强各级监管，严禁违规开采。我国煤炭要切实转变安全发展理念，新建矿区要合理选择资源，进一步加大安全可靠资源的开发利用，限制安全风险

大、难度高的资源开发；深刻总结事故的教训，有针对地提高标准，改进技术，加大安全投入，深化隐患排查治理；推进煤炭安全开采决策。

2）切实加强瓦斯事故和矿内火灾的防灾减灾。要实现瓦斯事故科学的预测和有效的控制，必须掌握采动前后应力场应力大小和分布，以及其与煤层中瓦斯分布涌出等基础信息间的关系。掌握煤层构造形成特征，分析研究同构造部位应力及瓦斯分布的规律，部署预测和监测工作。煤与瓦斯无煤柱同采成套技术，可实现瓦斯、冲击地压、火灾等重大事故一体化控制。

3）大力防治和控制矿井重大顶板灾害。系统地、深入地研究采动覆岩的空间结构及其与煤矿压力间的关系，采用先进技术研究监测岩体破裂和灾变过程，防治和控制矿井重大顶板灾害。深化顶板控制设计和实施管理的理论及相关决策信息的研究，解决顶板控制决策和实施管理现代化是煤矿安全生产的紧迫任务。

4）加强煤矿水灾的对策研究。认真采集和研究顶板透水和底板突水的预测控制信息。包括水源信息、构造运动破坏情况、采动顶板运动破坏信息、采动支承压力分布信息、井田褶曲和断层相应部位及原始构造应力场特征、井田富水厚层石灰岩底板位置及承压溶洞水分布、采场支承压力分布特征力等，积极采取相应措施，减少矿内水灾的危害。

5）逐步推进生产过程和决策管理的现代化。在生产过程方面，应实现生产过程的机械化和自动化，重点突破适应各种地质开采条件的数控机电一体化装备，提高煤矿生产水平。在决策管理方面，应实现煤矿安全高效开采决策和管理的信息化、智能化、可视化与自动化。

6）加强煤矿绿色开采技术的研究，推进煤矿绿色开采。利用井下矸石为主的绿色高强充填材料实现无煤柱充填开采，以控制瓦斯、冲击地压、水害和开采沉陷等重大事故和环境灾害问题。加强绿色开采关键技术研究，努力降低成本，逐步推广。

7）加强煤矿安全硐室的研究与推广。煤矿安全硐室是采矿业发达国家煤矿应急救援中的一项有效的技术，它在井工矿中得到了实际应用，并有效地减少了各种灾害情况下人员的伤亡，应积极加强煤矿安全硐室的研究与推广。

8）加强技术培训。培养具有较高技术素质的管理人才，提高技术水平和事故防范能力，并逐步提高全员素质，以适应新技术、新设备的推广和应用。

（本文选自 2012 年咨询报告）

咨询组成员名单

严陆光	中国科学院院士	中国科学院电工研究所
卢　强	中国科学院院士	清华大学
宋振骐	中国科学院院士	山东科技大学
戴金星	中国科学院院士	中国石油勘探开发研究院
刘光鼎	中国科学院院士	中国科学院地质与地球物理研究所
侯保荣	中国科学院院士	中国科学院海洋研究所
孙振纯	教　授	中国石油天然气集团公司咨询中心
姜　标	研究员	中国科学院上海高等研究院
黄常纲	研究员	中国科学院电工研究所
沈　沉	教　授	清华大学
谭宗颖	研究员	中国科学院文献情报中心
文志杰	副教授	山东科技大学
陈晓东	研究员	中国科学院上海高等研究院
冯　霞	副研究员	中国科学院院士工作局

东南沿海经济发达地区环境质量
状况与对策

赵其国 等

东南沿海的长江三角洲（简称长三角）、珠江三角洲（简称珠三角）及厦（门）漳（州）泉（州）是我国经济最发达、人口最密集的地区，也是我国经济发展的引领区和示范区。东南沿海经济发达地区面积只占全国的1.8%，人口占全国人口的13.1%，2010年GDP高达11.5万亿元，占东南沿海六省市的78.2%，约占全国GDP的30%。2000~2010年这10年是该地区经济高速发展、不断融入全球化的过程，是实现小康社会并迈向更高水平小康的阶段。10年来，随着工业化和城市化进程的加快，该地区常住人口增加了18%，GDP增长了3.3倍，但耕地却减少了9.5%（约140万亩），能源消耗增加了1.8倍。在这一背景下，尽管政府加大资金投入，在环境保护与环境质量改善方面做了大量工作，在一定程度上遏制了局部地区生态与环境的快速恶化，但是，报告调查显示，近10年来东南沿海经济发达地区环境质量总体未见明显好转，局域环境仍在继续恶化，持久性复合污染突显。这10年来东南沿海地区的环境质量究竟发生了怎样的演变？变化的原因何在？应采取什么样的相应对策和措施？这是当前处于持续快速发展时期的东南沿海地区经济和社会发展所面临的重大问题。

一、东南沿海经济发达地区环境质量现状、演变与危害

1. 内陆水体富营养化趋势依然突出，饮用水质下降，水安全堪忧

1）湖泊与水库富营养化趋势明显。长三角、珠三角和闽东南的厦漳泉地区是我国水资源颇为丰富的地区，但是该区域大部分的内陆水体富营养化趋势明显。近10年来，长三角湖泊富营养状况没有明显好转，2009年长三角所有面积大于10千米^{2}的17个湖泊（包括太湖等在内）全部处于富营养状态（图1），90%以上的湖泊（如滆湖、三氿和洮湖等）全年均为重度富营养化，湖泊水质基本上属于IV~V类水，其中总氮超标尤为显著；并

且，一直被认为是重要战略水源地的一些水库，如千岛湖、天目湖、深圳水库等备用水源地，因富营养化于 2009~2010 年均出现过蓝藻等藻类水华。

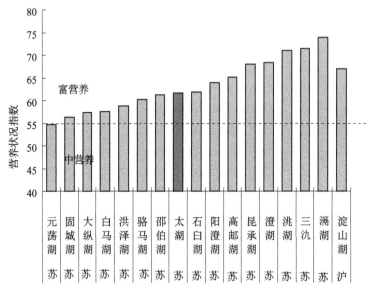

图 1   2009 年长三角所有面积大于 10 千米² 的 17 个湖泊富营养状况

2）河流和河网污染加重。在东南沿海地区不仅珠江、长江、钱塘江、闽江、九龙江等干流的水质总体上在 III~IV 类，而且在长三角和珠三角的河网区水质也普遍较差。近 10 年来，此区域城市河流或者河道的水质总体上没有好转，河网区河道仍然处于劣 V 类，黑臭现象依然突出。

3）内陆水体污染导致水质性缺水严重，影响生态系统安全和人体健康。由于此区域水体普遍存在富营养化，甚至出现有毒有害有机和重金属污染物，水质安全无法得到有效保障，这造成水资源较为丰富的东南沿海地区出现了严重的水质性缺水。例如，2007 年的太湖"污水团"事件等，导致无锡市等太湖周边城市几百万人口的自来水供应受到影响。另外，由于水体污染，长三角的河网、湖泊生态系统严重退化，生态服务功能严重下降。据估算，2009 年太湖湖泊生态系统的生态服务价值损失了约 500 亿元人民币。并且，该地区广大农村的饮用水安全状况更是令人担忧。据 2005 年对浙江省杭州市郊区农村分散式供水的水质检测结果，饮用水各项指标合格的只有 12%。因此，饮用水污染已经成为威胁农村饮用水安全的首要问题。

2. 区域性灰霾天气日益严重，大气复合污染突出，威胁着人体健康

1）区域性灰霾天气日益严重。近 10 年来，东南沿海地区城市灰霾天数大幅度增加，灰霾天气已成为十分严峻的区域环境问题之一。长三角已是我国常年被灰霾笼罩的重污染区域之一。2000 年以来上海市灰霾天数一直在 150 天左右，2003 年南京市甚至超过了 250 天（图 2），2009 年南京、苏州、上海和杭州等城市的灰霾天数分别达到了 211 天、162 天、150 天和 160 天；珠三角的灰霾现象虽然有一定缓解，但每年的灰霾天数仍在 100 天以上；闽东南的厦门市年灰霾天数也从 2004 年前的每年不到 20 天上升到了 2008 年的 70 多天。近 10 年来大气细颗粒物（$PM_{2.5}$）浓度一直保持在高水平，在可吸入颗粒物中的比例不断升高。例如，上海 2000 年 $PM_{2.5}$ 的年平均浓度为 60 微克 / 米^3，近 5 年仍处于 44~53 微克 / 米^3 的较高水平。$PM_{2.5}$ 浓度的快速增加不仅影响空气能见度，形成灰霾天气，而且还直接损害人体健康，如容易引起呼吸道疾病。应特别重视的是，$PM_{2.5}$ 中很大一部分是直径小于 1.0 微米的颗粒（$PM_{1.0}$），它占到 $PM_{2.5}$ 微细颗粒的 75% 左右。$PM_{1.0}$ 不仅散射太阳光的能力更强，是引起大气能见度降低的主要物质，而且更能深入人体呼吸道直达肺泡，对人体健康的危害更大。因此，需要对 $PM_{1.0}$ 的环境及健康危害加以更多的关注。

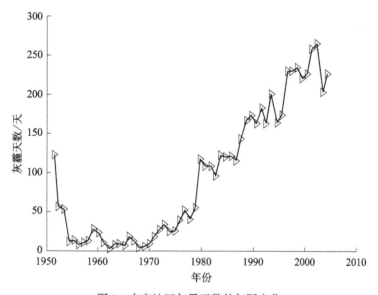

图 2　南京地区灰霾天数的年际变化

　　2）大气复合污染凸现。除常规污染物外，东南沿海地区大气中臭氧、挥发性有机化合物（VOCs）、多环芳烃等非传统有毒有害污染物日益凸现。2007 年长三角 16 城市 VOCs 排放量为 277 万吨，其中上海市排放量为 59 万吨。根据上海市淀山湖观测点的观测结果，臭氧超标率从 2000 年的 5% 增加到了 2009 年的 20%。2000 年以来，上海、南京、杭州等城市大气细颗粒物中多环芳烃浓度一直处于较高水平，尤其在冬季及初春时其浓度可高达 50 纳克 / 米^3。并且，长三角、珠三角一些大气中同时还存在较为严重的二噁英、多氯联苯和滴滴涕（DDTs）污染。2005 年，上海市嘉定、闸北、浦东和黄埔四个区大气中二噁英的平均浓度介于 3348~8031 飞克/米^3，广州大气中二噁英的年平均浓度为 4381 飞克/米^3。此外，在珠三角大气中还检测到较高浓度的多氯联苯（435.57~469.60 皮克/米^3）和 DDTs（65~109 皮克/米^3）。

3）酸雨发生频率仍然很高。近 10 年来东南沿海地区酸雨污染虽然局部好转，但形势依然严重。10 年来，东南沿海地区酸雨发生频率依然很高，如上海市的酸雨发生频率从 2002 年的 15% 快速增加到 2008 年的近 80%，之后略有下降，但 2010 年的酸雨发生频率仍在 70% 以上；浙江省酸雨发生频率在 2000 年为 70%，但从 2004 年起，酸雨发生频率一直在 90% 左右，降雨平均酸度从 2000 年的 4.7 降低到 2009 年的 4.2。珠三角半数以上城市仍属于重酸雨区，广州市酸雨发生频率从 2000 年的 61% 增加到 2002 年的 80%，其后至 2007 年一直处于 80% 左右，此后虽逐步下降，但 2010 年的酸雨频率仍高达 51%。

3. 区域土壤复合污染加剧，工业场地和矿区土壤污染更加突出

1）农田土壤污染呈现"复合型"和"混合型"。近 10 年来，东南沿海地区城郊大面积农田土壤呈现出"复合型"和"混合型"污染特征，已威胁区域农产品质量安全。东南沿海地区大部分城郊农田土壤已经受到重金属污染，且以镉、汞和铅 3 种污染物为主。与 1990 年前后土壤重金属背景值相比，2006 年前后珠三角、长三角大部分土壤重金属含量明显升高。珠三角土壤中镉、砷、汞、铜、镍的超标面积分别为 8.2%、10.1%、18.4%、9.8%、11.4%。应特别重视的是，这些农田重金属污染已引起了该地区蔬菜中重金属普遍超标（图 3），其中镉超标率为 11.1%。在广州市周边菜地土壤中还发现多环芳烃含量在 200 微克/千克以上，已达中度污染程度。长三角有的农田土壤表层中 15 种 PAHs 总量高达 3881 微克/千克，有一半农田土壤中 PAHs 总量高于 200 微克/千克；有的污染区农田土壤中多氯联苯（PCB$_S$）含量高达 485 微克/千克，并以 4~6-Cl 同系物为主，占 65% 以上。

2）工业搬迁地污染严重。东南沿海地区大中城市目前正面临着大批污染企业关闭和搬迁问题。工业企业搬迁出现大量场地土壤污染的新问题，影响城市生活质量、人居环境安全和居民健康。2000~2005 年江苏省已有 400 家化工企业搬出城区，其中相关的小化工企业多达 1000 多家；2005 年以来浙江省也有 100 家大型企业关闭。2007 年以来广州市有 147 家大型工业企业关闭、停产和搬迁。这些搬迁企业主要涉及化工、冶金、石化、农药、废物回收加工等重污染行业，遗留场地存在大量的重金属、有机氯农药、多环芳烃、挥发性有机污染物、多氯联苯及阻燃剂等新兴毒害污染物，对厂区场地及其周边地区土壤产生了严重的污染；

有的污染土层深度可达数米至数十米，引起地下水污染，有的化工企业搬迁的遗留污染场地没有经过风险评估和修复就被开发利用为住宅用地，存在健康危害。

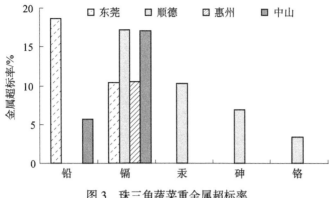

图 3　珠三角蔬菜重金属超标率

3）矿区土壤污染十分突出。东南沿海地区矿产资源较为丰富，主要包括铅锌矿、铜矿、钨矿等，在矿产资源的开发利用过程中，长期大规模的开采、冶炼和矿区内大量废渣的露天堆放，对矿山周围土壤环境造成了多种重金属（如镉、铅、砷、汞、铜、锌等）复合污染。例如，广东的莲花山钨矿区土壤砷含量高达935 毫克／千克，平均值为 128.9 毫克／千克，砷平均含量为我国土壤环境质量三级标准值的 40 倍。矿区土壤污染造成了严重的生态破坏，危及饮用水源安全和人体健康。

4）矿区环境污染事故频发，诱发恶性群体社会事件。东南沿海因矿区污染事故频发而经常诱发群体性事件。例如，在广东省韶关大宝山矿区附近上坝村，由于长期使用有毒废水灌溉，造成严重的土壤酸化和重金属污染，导致水稻体内镉含量超过国家标准的 5 倍，一些蔬菜、水果镉也超标，全村已有 400 多人死于癌症。又如，2010 年福建紫金矿业上杭县紫金山（金）铜矿因连续降雨造成厂区溶液池区底部黏土层掏空，污水池防渗膜多处开裂，发生渗漏事故，9100米³ 的污水流入汀江，导致汀江部分河段污染及大量鱼死亡，引起严重的社会影响。诸如此类的矿区环境重金属污染与健康问题在其他一些省份也时有发生，成为影响区域社会稳定的重要因素之一。

4. 近海、河口污染严重，赤潮和绿潮频发，滨海湿地严重退化

1）近海水域污染严重。东南沿海地区近海海洋环境状况严峻。近岸海域水质以 Ⅳ 类和劣 Ⅳ 类为主，部分近岸沉积物及生物体中的石油类仍处于劣于 Ⅲ 类污染水平。例如，2010 年浙江近岸海水有 53% 为劣 Ⅳ 类水、14% 为 Ⅳ 类水、24% 为 Ⅲ 类水、9% 为 Ⅱ 类水。2010 年的调查结果显示，珠江口伶仃洋甲壳类、双壳类、鱼类和头足类均受到了不同程度的重金属污染，其中棘头梅童鱼的铬和铅分别超标 24 倍和 48 倍，另一种主要经济鱼类长蛇鲻的铅元素超标 53 倍。2010 年，国家海洋局对 18 个生态监控区的监测结果显示，处于健康、亚健康和不健康状态的海洋生态监控区分别占 14%、76% 和 10%，其中，杭州湾处于不健康状况，长江口和珠江口处于亚健康状况。近岸海域水质污染及生态破坏导致赤潮和绿潮频发，且近 10 年来没有减轻的趋势。《2010 年中国海洋环境状况公报》数据显示，杭州湾富营养化指数高达 173，锦州湾氮磷比高达 332：1。2006~2010 年《中国海洋环境质量公报》统计数据显示，近 5 年来我国年均赤潮发生次数为 70 次，年均发生赤潮的海域面积约 1.15 万千米^2，其中以长江口、福建沿海和珠江口海域最为严重。例如，2007 年以来，苏北和胶东沿岸出现了新的浒苔绿潮现象，曾严重危及 2008 年北京奥运会的水上运动的开展，引起国际社会的关注。

2）河口污染加重。东南沿海主要河流的河口区污染严重。长江口和杭州湾都属于严重污染区域。国家海洋局监测数据显示，2009 年，东海区 21 条主要河流的主要污染物入海总量为 1216.7 万吨，其中长江污染物入海量占 58.4%；另外，从海洋部门对 144 个入海排污口的监测来看，在监测的排污口中有 82.6% 超标排放，其中浙江省超标率达 100%，江苏省超标率为 96.3%，福建省和上海市超标率分别为 72.6% 和 55.6%，主要污染指标是化学需氧量、氨氮、活性磷酸盐和悬浮物。

3）滨海湿地生态系统遭到破坏。受人类活动和自然因素双重影响，东南沿海许多滨海湿地生境遭到破坏，约 50% 滨海湿地丧失，现存 70% 以上滨海湿地严重退化。红树林、珊瑚礁和海草床退化与消失的趋势相当严重。据不完全统计，东南沿海的红树林已损失了 65%，甚至几个国家级红树林自然保护区都遭到不同程度的砍伐破坏；并且，滨海海草大面积衰退，海草床有 20%~50% 遭到破坏，导致我国近 20 年来没有海牛活动的记录，海马变得凤毛麟角。由于大面积的海水养殖与围垦，华南沿海高潮线以上 1~4 千米的陆缘天然植被几乎消失殆尽，甚至连沿海防护林都受到威胁。

5. 城市固体废弃物急剧增加，电子垃圾带来危害严重

1）城市生活垃圾量猛增，资源化利用水平较低。随着区域城市化水平的不断提高，城市人口的持续增长以及生活方式的变化导致人均生活垃圾和城市生活垃圾产生量大幅增加。以深圳为例，近 10 年来深圳常住人口数量从 701 万上升到 1036 万，加上流动人口，城市人口剧增，造成生活垃圾量剧增。据统计，深圳市生活垃圾总产量从 2000 年的 202 万吨增加到 2009 年的 476 万吨。并且，此区域城市垃圾资源化利用水平较低，许多城市已没有合适的垃圾填埋堆放场地可选，而简单堆放和填埋的垃圾犹如"定时炸弹"，给城市发展带来环境安全忧患。

2）电子垃圾已成为该地区增长最快的固体废弃物之一。在东南沿海地区有些城镇以拆解电子垃圾为产业。例如，广东清远龙塘镇和石角镇每年拆解的电子垃圾总量约 150 万吨，广东贵屿、浙江台州等地拆解电子垃圾也有较大规模。电子垃圾拆解使得当地土壤中污染物种类及含量增多，含有多种重金属（如铜、镉、铅、汞、铬、镍等）和有毒有机污染物（如多氯联苯、二噁英、多溴联苯醚、多环芳烃、酞酸酯等），导致土壤呈现多种重金属和多种有毒有机物复合污染的特征。在我国浙江台州、广东贵屿等电子垃圾较为集中地区，从业人员血液的铅和镉等含量均显著超标，远高于我国其他地区的平均水平，健康风险不容忽视。

6. 农村生产和生活垃圾剧增，管理处于无序状态，环境质量堪忧

1）农村生产和生活垃圾剧增。随着东南沿海地区经济的快速发展，农村垃圾人均产生量大增，农村人均垃圾产生量日趋接近城市水平，垃圾成分与城市垃圾日趋类似。并且由于农村的生产生活分散，各种废弃物随意处置，生活垃圾随意倾倒，农村固体废弃物管理处于无序状态，相当大一部分生活垃圾、畜禽粪便等各种废弃物都直接排放到环境中，对水体、土壤、空气等造成严重污染。

2）农村垃圾处理缺失，综合利用率低。由于农村大部分农家仍处于较分散状态，生活废弃物和废水随地堆放和排放，缺失处理，即"垃圾靠风刮，污水靠蒸发"普遍存在，一些地方"垃圾围村"触目惊心。图 4 为某农村地区生活污水处理方式，据调查，该区域农村垃圾随意倒置和露天堆放接近 70%，并且秸秆采用燃烧的方法也很普遍，其综合利用率非常低，加重了区域的空气污染。

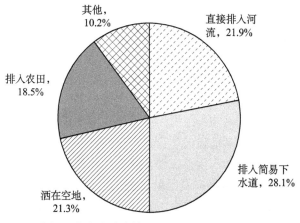

图 4　某小流域农村地区生活污水处理方式

二、区域环境质量演变的原因分析

近10年来，东南沿海经济发达地区环境质量总体未见明显好转、局域呈现继续恶化的态势。究其原因客观上是由于此区域工业化、城市化的高速增长以及农业现代化的发展所带来的资源环境消耗量的急剧加大。但更多原因来自粗放式的发展方式、城市发展和区域环境质量法制和规划缺失、城乡环境管理失调、区域环境监控系统和技术解决方案缺乏等因素。

1. 粗放式的增长方式仍在延续，能耗和污染排放总量不断增大

1）制造业比重高，能耗和污染物排放总量不断增大。目前，长三角和珠三角制造业比重仍在50%左右，厦漳泉地区为55%。部分城市（如苏州和无锡）的制造业比重接近60%。其中，高新技术产值占规模以上工业产值的比重不到30%；重工业比重大，约占工业总产值的70%。由于在区域经济发展中，制造业特别是低层次和重化工业的比重大，产业层次低，虽然近年来单位能耗和污染排放量有所减少，但总体能耗和污染排放量仍在不断增加，没有根本改变低端型和资源消耗型国际制造业基地的形象。近10年来，东南沿海地区年能源消耗量约增加5亿吨标准煤，比2000年增加将近2倍；并且，随着能耗的增加，此区域废水、废气和固体废弃物的排放量分别增加60%、120%和190%。这严重地影响了区域环境质量。

2）高新技术对经济增长贡献不高。东南沿海经济发达地区的产业发展主要依靠国内外市场扩张，以及劳动力、土地、能源、原材料的消耗，高新技术对经济增长贡献率不高；并且对高新技术的研发投入仍然有限，未来产业发展技术储备不足。2005~2010年，长三角核心区研发投入比（1.88%）年均仅以0.08个百分点的趋势增长，照此速度预计到2015年该比重也仅为2.68%，与长三角区域规划的3%的目标有较大差距。

3）工业空间布局不合理加剧污染的危害。由于该区域各行政主体（省、市县乃至镇村）发展工业意愿强烈，加上缺乏合理规划，导致了工业布局随意性和分散性严重。在此区域的城市群层面，不仅所有深水临港区都在积极发展重化工业，而且仍有大量工业和其他建设项目占用重要生态功能区，如江苏的重要生态功能区中有7%被建设用地占用；在都市区内，开发区和工业园区遍布各地，仅苏州和无锡两地国家级和省级开发区就超过10个；在城市内部，生产企业与居住区交错布局，导致污染面不断扩大，影响更加广泛，严重威胁区域安全发展和居民身体健康。

2. 城市发展缺乏法制管理，导致过度和不适当的城市化，资源环境压力加大

1）城市化进程缺乏法制化管理，导致耕地和生态空间大量减少。由于区域城市发展规模缺乏法治管理，导致城市规模无序蔓延。2005~2010 年，长三角城市化率由 57.1% 增至 61.1%，其中核心区域从 61% 迅速增至 68%。珠三角地区城市化也在 70% 左右，厦漳泉地区城市化率也达到 61.5%。城市化率基本上每年递增一个百分点以上。快速城市化，直接导致资源环境承载压力急剧加大。近 10 年来，该区域建设用地约增加 13 000 千米^2，上海、苏州、无锡等城市建设空间占其陆域面积的比重达到 40%~50%，接近生态警戒线。伴随城市规模无序的是耕地的减少（图 5 显示了长三角土地利用的变化），这一地区 10 年间耕地减少约 140 万亩，导致粮食和蔬菜等农副产品供给率大大下降。2009 年上海和广州的耕地面积均比 1978 年时减少了 45% 左右；而深圳的可耕地只剩16 万亩，粮食等农产品自给率仅 10%。

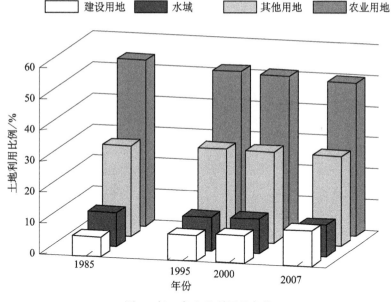

图 5　长三角土地利用的变化

2）城市化进程加快，导致城市人口及生活垃圾、汽车尾气排放量剧增。随着区域城市化进程的加快，城市人口剧增，此区域常住人口在这 10 年中增加了18%，非常住人口增加的比例更大，这导致了城市生活垃圾及废水处理跟不上，特别是生活污水中的氮、磷及微量毒害污染物已成为影响水环境质量的重要因素；并且，垃圾填埋与围城堆置，导致大量有害废弃物的长期存放，而垃圾焚烧发电，使二噁英等持久性有机物排放量增加，使土壤、空气及地下水安全受到严重威胁。此外，由于经济高速发展，随着城市机动车的快速增加，能源消费量和机动车尾气污染剧增，苯系物、多环芳烃及细颗粒排放量快速增加，形成日益严重的大气灰霾现象。

3）城市规划与环境基础设施建设缺乏协调配套。由于现有的城市规划和管理缺乏法制，并仍以服务经济增长为主，对资源环境承载力研究不够，对区域生态环境保护考虑不足，导致在进行城市发展规划时对环境设施规划和配置缺乏合理考虑。加上财政等因素制约，城市污水、废气及垃圾等环境基础设施建设缺乏配套，处理能力和水平偏低，远不能适应快速城市化发展的需求。这些使得对环境污染问题的处理成为此区域当前每个城市面对的巨大难题。尽管东南沿海地区环保投资逐年上升，2010年主要城市普遍达到GDP的3%左右，高于全国的平均水平（1.34%），但环保投入与实际需求仍有较大缺口，因此在此区域环境污染的治理赶不上污染的扩大。

3. 环境管理不力，有关法规体制不健全

1）政府考核机制中，对环境质量的关键硬性指标考核缺失。当前，对各级政府政绩的考核仍然以GDP和财税收入为主，对环境质量的考核一般都采用比较模糊的环境质量综合指数等指标，与人民群众对环境质量的实际感受出入较大。政府对经济长期高速增长、大规模城市化及生活方式迅速变化带来的环境污染问题及其对人民健康的影响仍认识不足，区域经济和社会的协调发展等科学发展观和可持续的发展战略仍有待真正落实。

2）有关环境保护的法律、法规制定缺失，环境标准不能满足需求。东南沿海地区由于经济发展，大量污染产业搬迁。对污染产业转移和搬迁场地修复缺失法制管理，一方面导致了搬迁的遗弃地由于缺乏法制管理没有很好修复，从而给后建的设施或企业带来污染风险，甚至发生事故；另一方面，由于缺乏有关法律或法规，污染企业外迁给别的地区带来污染，甚至搬迁到流域的上游，从而导致全流域污染。并且，我国的环境标准大多是多年以前制订的，有关新型微污染物的监控指标目前还很少；随着不同性质的环境新问题出现，很多现行的环境质量标准、环境监测与评估制度已不能满足日益复杂的环境问题解决的需求。此外，大部分污染排放标准太过宽松，环境准入制度不够完善，更没有针对不同类型地区的差异化污染排放标准与环境质量标准。这些都有待于有关法规和法律的进一步完善。

3）环境管理粗放，执法不力。虽然近年来各地区的环境监测能力有了很大提高，但仍不能满足需求，环境管理仍偏粗放，缺乏严格管理；并且，尽管我国已形成大致完备的各类环境标准，但环境执法力度亟待加强。现实中"以罚代法、以罚代管"现象依然严重，导致排放标准未能得到有效执行，助长了环境的

恶化，在一定程度上也影响了污染控制技术的推广。与此同时，部分生产企业法制意识缺乏、社会责任感薄弱，超标排放、非法排放现象时常发生。

4. 城乡环境管理分割，农村环境治理和保护薄弱

1）农村生产方式发生变化，乡镇企业和畜禽养殖带来的污染增加。这 10 年来，东南沿海地区的大部分农村已经不是纯粹的传统农业耕作，一大部分农村都在发展乡镇工业；并且，在农业耕种中化肥、农药的施用量不断增加、利用率低，塑料薄膜大量使用；此外，由于城市畜禽养殖大部分转移到农村，农村畜禽养殖规模不断增大，而这当中半数以上的规模化畜禽养殖场缺乏必要的污染治理设施。这些改变了此地区原有的农牧生态循环方式，农牧脱节、畜禽粪便得不到充分利用，从而导致农业生产对环境的污染加剧。

2）农村生活方式变化，垃圾缺乏处理。随着农村生活水平的提高，该地区农村农民的生活方式与城市相仿，普遍使用各种洗衣粉和化妆品，垃圾产生量每人每天接近 1 千克，污水排放量也急剧增加，生活垃圾中的化学成分含量也不断增加。但农村的污水、垃圾处理设施缺失，环境保护教育落后，意识薄弱，普遍存在生活污水随意排放、生活垃圾随意丢弃的现象，更缺乏有组织的大规模爱国卫生运动。农村垃圾长期处于无人管理状态。

3）农村环境污染管理缺失，治理力度远落后于城市。由于在经济发达地区城乡环境管理脱节严重，农村环境治理和监管非常薄弱，导致农村环境无人过问；并且，农村过度分散的经营模式也使得农村环境治理和监管困难。虽然近年来对农村环境的保护有所加强，但政府资金投入严重不足，农村环境治理设施极其缺乏。东南沿海地区部分农村虽已开始生活垃圾的集中收集和处置，但收集率仍很低，收集后的垃圾处置方式简单，随便堆放或露天堆放现象普遍。此外，适用于农村环境的治理技术目前还很缺乏，这也限制了农村环境保护措施的实施，增加了农村污染控制的难度。

5. 区域性和流域性污染凸显，污染治理难度加大

1）污染物易于迁移和扩散，治理难度大。污染物易于在水、气、土不同介质迁移和扩散，如大气中硝酸盐及铵盐向水体中的沉降或者农药、化肥经农田土壤的渗滤都是水体中氮污染的重要来源。2010 年，太湖流域大气中总氮的年沉降总量约占同期太湖入湖总量的 20%。这些因素在考虑治理措施的时候往往可能被忽略。并且，机动车尾气、生活垃圾焚烧、电子垃圾拆解地和被污染的场地等会导致环境中重金属、苯系物、多环芳烃、二噁英等非常规毒害污染物在大气、水体和土壤中迁移和扩散，这些都使得污染治理的难度加大。

2）区域和流域内污染物跨境迁移，单靠一个地点整治难以出现成效。由于

水、气的大范围流动性以及垃圾处置的迁移性，环境污染越来越呈现区域化特征，大气污染、流域水污染、海洋环境污染、生物多样性衰减等问题已成为跨地区乃至跨大行政区域的复合环境问题。并且，不同城市、地域间污染的相互影响越来越明显。因此，污染控制不再是某一地方政府所能实现的局部问题，而是影响整个区域发展的重要问题。

3）产业转移同时带来污染转移和源头场地污染，进一步扩散了污染影响。随着东南沿海城市生产环境的变化以及发展战略转型的实施，一部分传统污染工业往往被转移到其他地区。这些搬迁企业在推动迁入地经济发展的同时，也往往伤害当地脆弱的自然生态环境，造成“污染转移”。特别是一些高污染企业向上游地区和生态保护地区迁移，更是造成流域性生态环境的恶性影响，如东莞市的一些企业搬迁到东江上游的河源市或生态保护区的韶关市。在产业转移过程中，还会出现搬迁地遗留的场地污染问题，而我国相对滞后的污染场地修复相关产业和技术使得这一问题更显突出。

6. 区域环境科学技术研究有限，有关基础研究薄弱

1）有关区域性环境监测信息共享缺失，区域环境质量的演变规律研究不足。经过数十年坚持不懈的努力，东南沿海地区已经建成了相对完整的水、气环境质量监测网络，但仍未建成区域环境监测资料共享、整合及分布平台；并且，不同行政区域之间缺乏有效的监测信息共享和交流机制。对区域性环境质量的演变规律、污染源的时空分布、污染物跨区域传输的过程及数量等的研究还存在严重不足，因而也限制了国家做出环境科学决策的能力。

2）缺乏产、学、研、政合作，适用性技术缺乏。目前虽然在东南沿海地区开展了大量的水、气、土、固体废弃物等环境污染治理技术的研究工作，但不少技术还停留在实验室层面，大规模应用成本偏高，难以推广实施；并且，当前创新主体与行业的污染控制结合不紧密，缺乏企业和科研院所的有效对接。此外，政府在推动有关环境技术成果的转化力度方面也显不足，难以把实验室技术真正转化为能解决环境污染问题的适用技术。

3）有关土壤污染物进入蔬菜和粮食的毒性转移及其对人类健康的长期影响的基础研究不足。由于土壤是蔬菜和粮食生产的载体，土壤中砷、镉、汞等重金属以及多环芳烃等有机污染物的毒性随着作物的生长会转移到蔬菜和粮食等作物中，并会转移到家禽体中而出现生物放大。这些毒性经蔬菜、粮食和家禽等食品进入人体中，从而对人体健康产生严重影响。经生物链的毒性转移是很重要的基础研究课题。然而目前我国对污染物毒性的生物链转移过程与控制还缺乏长期、深入的研究。

三、对　策　建　议

东南沿海经济发达地区不仅是我国举足轻重的经济引领区和示范区，而且是城市密集区，当前出现经济发展与环境保护不协调及局部环境质量恶化的状况，不仅严重影响该区域经济和社会可持续发展，而且对参与国际竞争的能力及现代化的发展进程也会有一定影响。因此，中央和地方各级政府及学术界应高度重视该地区的环境质量维护和污染治理问题。根据目前东南沿海地区环境质量演变的状况及其原因，我们提出如下对策建议。

1. 重视城市发展和区域环境法规制定，保持适度城市化速度和规模，实施区域科学发展

东南沿海地区的过度城市化对生态环境的影响和破坏已超越了部分地区的环境承载能力，这是导致此区域经济发展与环境不协调以及影响粮食和生态安全的重要原因。因此，在加快制定我国《土壤污染防治法》《地下水污染防治法》，完善现有的《大气污染防治法》的同时，需要重视经济发达地区城市发展和区域环境法规的制定。推进适度城市化，将城市化扩张速度与资源环境承载力以及基础设施承载相匹配。为此，应采取如下措施。

第一，制订城市人口、用地、生态环境及产业等"空间准入"的法规。控制城市化的速度，使城市化进程所带来的环境影响能够约束在环境可承载的范围内。并且，要根据资源环境状况，适度控制城市化用地扩展规模，保留一定的生态空间，建议长三角、珠三角和厦漳泉的非建设用地空间应保持在不少于80%，部分重要都市区（如上海、广州、苏州、无锡、厦门等）建设用地空间不得突破陆地面积的50%。建议编制以空间分区适宜性为导向的功能区规划，重点明确城市化的增长边界，合理划分产业区、居住区、生态区和农业区。

第二，尽快制定污染场地修复和防止污染转移的法规。针对城市和产业转型带来的产业污染转移和污染企业搬迁遗留下来的场地修复问题的重要性和紧迫性，国家应尽快制订有关法规。根据有关法规，合理选择产业转移接受地，引导产业转移，禁止生态保护区成为产业转移接受地；并且，要加强场地搬迁的环境管理法规的制定，建立污染场地信息系统，制订污染场地的监管和修复法规；建立并根据有关法规，严格污染场地再利用前土壤及地下水污染风险评估、治理和修复制度，以便杜绝污染转移，合理利用产业转移的搬迁场地。此外，尽快制定或修订区域差异化的土壤环境质量标准，加快修订空气质量标准及饮用水安全标准。将 $PM_{2.5}$ 纳入东南沿海经济发达地区空气质量评价指标体系，并推进 $PM_{1.0}$ 的监测。

第三，坚决贯彻科学发展观，把城市规模发展和区域环境有关法规的制定和

执行纳入政府政绩考核中。由于东南沿海地区目前经济仍处于高速发展期并具有较大的经济规模，因此，在考核政府的政绩时，不应仍以 GDP 和财税收入为主，而是要把有关城市规模的发展和区域环境的保护法规的制定和执行力度放在政府政绩考核中，这就是要把区域科学发展作为考核政府政绩的重要标准。

通过以上措施，使经济发达地区城市发展规模和改善区域环境有法可依，有法必依。

2. 加强农村环境整治和保护，建立城乡一体环境管理体系

鉴于当前东南沿海地区农村环境管理处于无序状态，与城区环境形成鲜明对比，因此在东南沿海经济发达地区建立城乡一体的环境管理体系尤为必要。为此，提出以下建议。

第一，率先在东南沿海经济高速发展地区实施城乡供水一体化工程，而后逐步建立城乡污水和垃圾回收处理的一体化工程以及有机肥利用体系。在近期首先要大力增加农村环境综合整治和环境保护的管理工作，加强农村环境保护意识，将基本公共环境投入优先向农村倾斜；加强农村饮用水安全工程建设、农村下水系统和养殖业污水生态处理与循环利用工程建设；加强农村生活垃圾回收、农业固体废弃物处理系统与有机肥资源化管理工作。

第二，加强乡镇企业的环境设施建设。加强乡镇企业的环境治理设施建设，促进乡镇工业集中布局和污水集中处理处置及循环经济建设。

第三，增强农业环境保护意识。积极推进高效生态高值农业，在建设生态农村时，应以永续性的自然规划与传统农村文化保留为优先，积极推进农村绿色观光示范工程。加强农业生产过程中的环境管理，控制农业面源污染，控制持久性农药使用；完善农村土地政策，促进生态型、环保型农业生产经营模式创新。

第四，建设城乡统筹的环境监测与信息平台。加强长期定位的城乡环境监测，尤其是空气、水、土环境质量的监测与观测工作，增强海岸带等薄弱环节的监测系统和平台建设，培训农村环境监测人员，提高监测人员的技术能力与水平。

3. 推行区域联防联控和生态补偿机制，加强支撑环保产业的关键技术与设备创新，提升区域整体环境监控能力

由于空气、水、土污染物的流动性和扩散性，并且由于不同区域水体、大气相互流动和影响，东南沿海地区的环境污染呈现明显的区域性特征，且不同城市间相互影响也呈现越来越明显的特点。因此，需要积极推行和完善区域大气和水体污染的联防联控机制，建立区域联防联控体系。为此，建议：

第一，建立跨省市的区域大气和水体污染联防联控协调组织机构，以便协调该区域的空气和水体的污染监测、治理和保护工作，加强对区域大气和水体污染

防治工作进展情况的监督、考核、评估。

第二，组织编制区域水体和大气污染联防联控规划，以便统筹区域环境承载力、排污总量、社会经济发展现状、城市间相互影响等因素，科学确定区域环境质量改善目标、污染防治措施和重点治污项目。

第三，加强支撑国家环保产业发展的关键技术研发及其国产环保设备研制；建设区域水体和大气质量监测网络以及重点污染源在线监测系统，提高区域环境质量监测、信息共享和环境执法力度。

第四，组织开展区域大气污染专项整治活动，实现重点企业全部安装在线监测装置并与环保部门联网。

第五，积极探索和完善区域环境保护的生态补偿机制。生态补偿包括保护者改善生态付出的额外成本以及为此而牺牲的发展机会成本，同时对恢复生态成本和因破坏行为造成损失的补偿，也包括土地、水、矿产等资源性产品消费的付费补偿，可以促使双方商定生态补偿标准、补偿渠道和补偿方式等。

此外，针对东南沿海经济发达地区环境质量演变与危害的严重问题，更好地开展区域环境质量监测、治理和保护管理工作，建议重点开展以下环境科学技术研究：区域及城市群灰霾形成机制与大气污染控制技术；大气挥发性有机化合物污染控制与资源再利用技术及设备；河网和水库富营养化控制与生态修复技术；场地土壤—地下水污染修复机理、技术及设备体系；海岸环境污染过程、生态系统演变与调控原理；湿地环境生物地球化学循环与湿地退化的生态恢复技术；主要流域环境复合污染综合控制与修复技术；区域污染生态毒性、毒理及环境质量基准；土壤—生物—食品—人体生物链毒性转移过程及其机理等。

总之，在高速工业化和城市化背景下，近10年来东南沿海经济发达地区的环境质量呈现总体未见明显好转、局域继续恶化的态势，严重影响了该区域的可持续发展。因此，未来该区域不仅要转变经济增长方式，促进增长管理，而且要更加高度关注该区域环境质量和保护问题，重视城市发展和区域环境法规的制定。并且，要把区域科学发展纳入地区政府政绩的考核中，实施可持续性的发展战略，完善城乡和区域环境管理，特别是重视农村环境的治理，推行区域联防联控和生态补偿机制。此外，要强化区域环境的基础科学和关键技术研究等。通过以上有力的对策措施，维护、改善和提高东南沿海地区环境质量，实现区域的平稳、安全、健康的可持续发展。

（本文选自 2012 年咨询报告）

咨询组主要成员名单

赵其国	中国科学院院士	中国科学院南京土壤研究所
黄荣辉	中国科学院院士	中国科学院大气物理研究所
傅家谟	中国科学院院士	中国科学院广州地球化学研究所
陆大道	中国科学院院士	中国科学院地理科学与资源研究所
陶 澍	中国科学院院士	北京大学
张 经	中国科学院院士	华东师范大学
洪华生	教 授	厦门大学
彭平安	研究员	中国科学院广州地球化学研究所
骆永明	研究员	中国科学院烟台海岸带研究所
吴庆龙	研究员	中国科学院南京地理与湖泊研究所
陈 雯	研究员	中国科学院南京地理与湖泊研究所
陈英旭	教 授	浙江大学
徐永福	研究员	中国科学院大气物理研究所
冯加良	教 授	上海大学
吴水平	副教授	厦门大学
周永章	教 授	中山大学
颜昌宙	研究员	中国科学院城市环境研究所
李芳柏	研究员	广州土壤与生态环境研究所
党 志	教 授	华南理工大学
束文圣	教 授	中山大学
罗春玲	研究员	中国科学院广州地球化学研究所
于明革	副教授	浙江大学
骆永明	研究员	中国科学院烟台海岸带研究所
申倚敏	主 任	中国科学院院士工作局
滕 应	研究员	中国科学院南京土壤研究所
周德刚	副研究员	中国科学院大气物理研究所
刘五星	副研究员	中国科学院南京土壤研究所
陈家琼	副研究员	中国科学院南京土壤研究所

关于大敦煌区疏勒河、党河流域生态治理和区域可持续发展的建议

蒋有绪 等

河西走廊乃至整个西北地区，尤其是包括疏勒河和党河流域的大敦煌区的生态安全，始终是党中央和国务院领导同志的牵挂。国家领导人曾多次指示，要把敦煌的生态环境搞好，必须高度重视，科学规划，综合治理，加快进行。2009年10月17日，温总理视察甘肃时，又一次指出：要拯救两个地方：一是民勤，二是敦煌。它们都被沙漠包围着，决不能让它们成为第二个罗布泊和第二个楼兰。为落实温家宝总理的指示，从科学规划、综合治理和体制创新上解决疏勒河、党河流域生态保护和区域发展问题，本报告提出了建设"大敦煌生态文化经济特区"的发展思路，即以敦煌为中心，在体制上统筹疏勒河、党河流域生态保护与区域经济社会协调发展，科学节水调水，优化水资源配置，发展优势特色产业，加快经济发展方式转变和城乡一体化进程，争取用5~10年时间，把大敦煌建设成为"生态良好、文化繁荣、经济发展、社会稳定、民生改善"的西北地区生态文化中心。

一、大敦煌区域生态治理与可持续发展的紧迫性

"大敦煌"是我们根据自然地域和历史文化特点提出的一个区域概念。其范围大体与西汉元鼎六年（公元前111年）的敦煌郡相当，即由现酒泉市管辖的瓜州县、敦煌市、肃北县、阿克塞县和玉门市等五个县市组成，面积10.43万千米^2，2008年总人口53.07万人，国内生产总值160.76亿元，财政收入33.25亿元，城镇化水平40.1%，城镇居民人均年收入13 230元，农民人均年收入4940元。

大敦煌是传承中华文化的圣地。以莫高窟、月牙泉和汉长城关塞烽燧等为标志，大敦煌当之无愧地成为世界自然与文化遗产保护地、古丝绸之路象征地、多元文化交汇地和连接欧亚大陆必经地。历史悠久，文化底蕴厚重，古迹遍布，影响深远。

大敦煌是相对完整的自然地理单元，同处于疏勒河、党河流域，气候极端干旱，多年平均降水量在 80 毫米以下，生态环境极其脆弱，共同面临生态保护和区域发展问题。

1. 水资源严重匮缺

地表水断流、地下水位骤降是大敦煌生态持续恶化的根源。疏勒河干流多年平均径流量 10.31 亿米³，1960 年以前每年流入敦煌市境内的水量为 1.5~2 亿米³，维系着敦煌绿洲的生态平衡。自疏勒河上游相继建成双塔水库（瓜州县）、昌马水库（玉门市）后，疏勒河在敦煌市境内的河道全部断流。敦煌境内党河也因在其中上游修建党河水库及水资源过度利用等造成下游缺水而断流。

据监测，1975 年以来，大敦煌地下水位持续下降，36 年间累计下降了10.77 米，造成大面积天然湿地消失、植被萎缩。资料显示，大敦煌天然湿地面积已由 1950 年的 30.95 万公顷，减少到 19.75 万公顷，下降了 36.2%；西湖湿地国家自然保护区作为阻挡沙漠东移的第一道天然屏障，其原有的 1.9 万公顷湿地也消失了近一半，库姆塔格沙漠开始以每年 3~5 米的速度加速东移！一旦西湖湿地失守，敦煌变成"第二个楼兰"的危险性将大大增加。

2. 风沙危害加剧

敦煌地处库姆塔格沙漠东缘，由于日渐失去西北部绿洲、湿地等阻挡风沙的生态屏障，近 30 年来，沙漠扩展了 104.39 千米²，且有向东、向南扩展的明显迹象。近年来，敦煌大风及沙尘暴发生强度不断加大，频率增加，年均出现八级以上大风高达 15~20 次，累计日数 15.4 天，且多集中于春季农作物幼苗期，强烈的沙尘天气加剧风沙危害，使莫高窟文化遗产受到严重威胁。

3. 生物多样性锐减

大敦煌丰茂的林草植被和充沛的水面沼泽曾经是干旱半干旱区生物多样性极具代表性的典型区域。西湖湿地、安南坝等国家自然保护区是国家一级保护动物双峰野骆驼和小天鹅、黑鹳、白琵鹭等珍稀濒危动物的重要栖息地。长期草场超载过牧、林木过度采伐和超采地下水等掠夺性生产经营活动，造成土地沙化（年均新增近 2 万亩）、植被退化（森林减少 24.2%，天然草场减少 42.3%，植被覆盖度下降 28.4%）。尤其是新中国成立初期敦煌东、西、北湖及南山一带分布的219 万亩天然林，现仅存 130 多万亩，其中 44 万亩天然胡杨林，剩下不足 1/3。由于干旱缺水、植被退化、湿地萎缩，加上人为偷猎，双峰野骆驼等野生动物种群数量急剧减少，珍稀鸟类也难觅踪影。

4. 文化遗产受损严重

生态持续恶化使大敦煌区数百处名胜古迹与文化遗产不同程度地遭受风沙威胁。月牙泉水域面积已由 1960 年的 22.5 亩降至 2010 年的 11 亩，最大水深由 7.5 米降至 1.8 米。缺水导致的沙漠化加剧了莫高窟文物保护的难度。据专家介绍，在莫高窟现存 492 个洞窟中，已有一半以上洞窟的壁画和彩塑出现了起甲、空鼓、变色、酥碱和脱落等损坏。

产生上述问题的原因，一方面受气候变化等自然因素的影响，另一方面是由于人口过快增长、水资源不合理利用、经济发展方式落后，更深层次的原因在于缺乏明确的区域发展定位、统一高效的行政管理体制和兼顾各方利益的统筹协调机制。

二、加快大敦煌生态治理与可持续发展的对策建议

1. 坚持以优化水资源配置、全力构建节水型社会为核心的科学发展道路

水是大敦煌的生态之基、发展之要、生存之本。运用行政、经济、法制、市场等多种手段，在全力构建节水型社会的前提下，全流域一盘棋，科学进行管水、配水、用水和调水，这对于确保疏勒河、党河流域可持续发展至关重要。按照"节水保发展，调水保生态"的思路和"五年大发展，十年见成效"的要求，加快实施"引哈济党"调水工程，进一步协调好疏勒河、党河流域上下游水资源分配，以缓解生态恶化趋势。

从水资源条件看，大敦煌每年水资源量为 15.5 亿米^3（不包括目前尚未开发利用的苏干湖水系水资源量 4.8 亿米^3），按单位土地面积的可用水资源量计算，水资源模数为每平方千米 13 428 米^3，仅为全国平均水平（每平方千米 263 072 米^3）的 5.1%。

从水资源利用结构看，大敦煌经济社会用水总量为 15.89 亿米^3，其中，农业用水占 95%；工业及服务业用水占 1.7%；生态用水占 2.3%；城乡生活用水占 1.0%。每年超采地下水 3.98 亿米^3，占总用水量的 25%。

从农业节水潜力看，大敦煌现有耕地 158.10 万亩（人均 3 亩），其中不适宜耕种的低产农田 57.65 万亩，占现有耕地总面积的 36.5%。以平均每亩耗水 955 米^3 计，若将此类低产农田退耕，总计可少用水量 5.5 亿米^3。可见，采取退耕还水、推广节水、循环用水和定量配水等综合措施，借鉴以色列和我国新疆发展节水农业、设施农业的经验，将农业用水调配到一个可行的比例，是遏制地下水急

剧下降的趋势，增加恢复植被的生态用水，构建节水型社会的关键。

从缓解人口压力看，1950~2008 年的 58 年间，大敦煌总人口从 11.67 万人上升到 53.07 万人，人口密度从每平方千米 1.12 人猛增到 5.09 人，增长了近 4 倍，加剧了人水、人地矛盾。在坚决停止移民、减少劣质耕地的基础上，通过加快城镇化进程，调整产业结构，发展循环经济和生态文化旅游，拓宽就业渠道，吸纳因退耕、退牧转移的 17.4 万农牧业人口是可以做到的。

2. 发挥区域优势，推进产业转型升级，加快城乡一体化进程

生态文化旅游、清洁能源和特种矿业是支撑大敦煌可持续发展的三大支柱产业，节水型特色农牧业则是重要的辅助产业。按照"科学规划，合理布局，统筹城乡，协调发展"的原则，充分发挥疏勒河、党河流域的自然资源、生态景观和文化遗产等独特优势，精心打造生态文化旅游胜地、清洁能源基地、特种矿业基地和特色农牧业基地，创出大敦煌的世界品牌。

1）精心打造生态文化旅游区。以莫高窟、榆林窟为代表的飞天壁画和雕塑艺术，以阳关、玉门关、汉长城等为代表的边陲遗址，以鸣沙山、月牙泉和雅丹地貌为代表的大漠风光，遍布整个疏勒河、党河流域的自然与文化遗产为大敦煌提供了底蕴丰厚、享誉全球的旅游资源。据相关资料，大敦煌有名录可查的各类旅游资源 52 处，其中自然资源占 46.15%、人文资源占 53.85%。由于缺乏统一规划和整体推介，加上受基础条件限制，现已开发的旅游资源仅占 11%，且发展不均衡。抓住加快大敦煌发展战略机遇期，按照"政府主导、科学规划、整合资源、市场运作"的思路，精心打造点、线、片有机衔接的黄金线路，形成"内联外合，互动多赢"的新格局。同时，根据生态环境容量和文化遗产保护的要求，科学确定和严格控制游客流量，实现保护、利用与开发的协调发展。

2）加快建设清洁能源基地。大敦煌是我国发展光能、风能的理想场地，加快发展以清洁能源产业为引领的战略性新兴产业，将为全面推动疏勒河、党河流域科学发展注入新的活力。以国务院《关于进一步加快甘肃经济社会发展的若干意见》提出的"加快建设以敦煌为重点的太阳能发电示范基地"为契机，在现有敦煌光电和瓜州、玉门、阿克塞风能规划的基础上，组织编制《大敦煌清洁能源产业发展规划（2010—2020 年）》，按照建设国家光电、风电示范区的要求，提出大敦煌"十二五"和中长期光电、风电建设目标，国家给予西部发展可再生能源的政策支持，加快大敦煌产业结构调整、清洁能源产业发展，走低碳经济、绿色发展的新路。

3）适度发展特种矿产业，促进循环经济发展。大敦煌区现已查明的特种矿产中，资源储量名列全国前 3 位的矿产有 4 种，居前 5 位的有 5 种。"十二五"期间，加快矿产业转型升级，大幅度提高资源利用效率，降低水耗和防止生态环

境破坏，大力发展特种矿产业，与当地清洁能源有机结合，探索矿产资源高效、节能、环保和综合利用、循环利用的新途径。

4）发展特色、节水、高效的观光农业。通过统筹规划、合理布局，以节水为前提，立足区域优势，大力发展特色林果、绿色瓜菜、优质肉奶等为主的生态农业产业，把大敦煌建成西北地区重要的特色农业、生态农业、观光农业产业示范基地。

5）坚持生态优先，大力推动生态文化建设。在退耕退牧地区，建设以灌木为主、乔灌草结合的生态屏障，坚决不得返耕返牧；在重点风沙区以封禁保护为主，促进生态重建与自然恢复；推动丝绸之路整体申遗及沿线重要遗址保护；积极筹建大敦煌"丝绸之路"文化艺术博览馆、珍稀濒危动植物园及旱生植物种质资源库等；发展西部特有的饮食文化、服饰文化、宗教文化、丝路文化、休闲文化、商旅文化等，充分展示大敦煌文化的丰富内涵和无穷魅力，以生态环境的根本好转，拉动整个疏勒河、党河流域经济社会走上良性循环的可持续发展道路。

三、实施大敦煌生态治理与区域发展的政策建议

1. 设立大敦煌生态文化经济特区

立足大敦煌的特殊区位和比较优势，建议中央批准设立"大敦煌生态文化经济特区"，按地市级行政管理成立相应的管理委员会。尽快出台相应的政策措施，先行先试，大胆探索，如在大敦煌区试办一些国际通行的沙漠旅游体育娱乐项目和大型国际赛事等。

2. 加快交通、通信等基础设施建设

按照国际旅游业的标准和要求，充分满足旅游线路景点的可达性、观赏性和安全性，以及各种配套服务的便捷性、舒适性和经济性，加快交通、通信、金融等基础设施建设，增加国际、国内直达航线，简化出入境手续，扩大接待能力，提高服务质量，创出国际品牌。

3. 加大投融资政策支持力度

根据国家西部大开发和省市有关政策，在创新投融资机制方面，通过财政扶持、资金整合、社会投入，按资金来源和用途分工，设立开发基金和发展专项资金，促进产业组团式发展，延伸产业链，推进一批有竞争力的企业在境内外上市，鼓励符合条件的企业在中小企业板和创业板上市融资；在基础设施、生态建设、环境保护、扶贫开发和社会事业等方面，请中央在预算内投资和其他有关中

央专项投资中给予重点安排。甘肃省和大敦煌两级财政加大对特色节水农业、生态文化旅游、清洁能源、特色矿业等产业发展的扶持与投入。

4. 给予更优惠的财税政策扶持

针对大敦煌生态保护与区域发展的特殊情况，积极争取中央财政加大对大敦煌的均衡性转移支付力度，并在其他一般性转移支付和专项转移支付等方面加大对大敦煌的支持。加强与国家有关部委对接协调，将大敦煌列入国家生态功能区转移支付范围，将西湖、阳关、安南坝、盐池湾、安西等五处国家级自然保护区列入国家生态补偿范围。

以上建议和思路如若可行，建议在本咨询报告的基础上，由甘肃省负责向中央提出"大敦煌疏勒河、党河流域生态治理与区域可持续发展战略规划纲要"上报国务院，争取尽早审批实施。

（本文选自 2012 年咨询报告）

咨询组成员名单

蒋有绪	中国科学院院士	中国林业科学研究院
郑 度	中国科学院院士	中国科学院地理科学与资源研究所
陆大道	中国科学院院士	中国科学院地理科学与资源研究所
李文华	中国工程院院士	中国科学院地理科学与资源研究所
王 浩	中国工程院院士	中国水利水电科学研究院
王苏民	研究员	中国科学院南京地理与湖泊研究所
申元村	研究员	中国科学院地理科学与资源研究所
杨根生	研究员	中国科学院寒区旱区环境与工程研究所
董光荣	研究员	中国科学院寒区旱区环境与工程研究所
张守攻	研究员	中国林业科学研究院
蔡登谷	研究员	中国林业科学研究院
樊 辉	高级工程师	甘肃省林业厅
吴 波	研究员	中国林业科学研究院荒漠化研究所
董治宝	研究员	中国科学院寒区旱区环境与工程研究所
屈建军	研究员	中国科学院寒区旱区环境与工程研究所
鹿化煜	教 授	南京大学
王式功	教 授	兰州大学

杨文斌	研究员	中国林业科学研究院
赵成章	教　授	西北师范大学
冯益明	研究员	中国林业科学研究院
吴三雄	工程师	敦煌西湖国家级自然保护区管理局
阿　海	工程师	安南坝野骆驼国家级自然保护区管理局
李俊清	教　授	北京林业大学
王继和	研究员	甘肃省治沙所
李迪强	研究员	中国林业科学研究院
胡德夫	教　授	北京林业大学
王忠静	教　授	清华大学
肖洪浪	研究员	中国科学院寒区旱区环境与工程研究所
王彦辉	研究员	中国林业科学研究院
严　平	教　授	北京师范大学
王学全	副研究员	中国林业科学研究院
肖生春	副研究员	中国科学院寒区旱区环境与工程研究所
卢　琦	研究员	中国林业科学研究院
张炜银	副研究员	中国林业科学研究院
侯春华	高级工程师	中国林业科学研究院
张　群	助理研究员	中国林业科学研究院
褚建民	助理研究员	中国林业科学研究院

关于加强移民工程学科建设
和相关科研工作的建议

陈祖煜　等

新中国成立以来，规模巨大的基础设施建设大大促进了我国社会经济发展和人民生活水平的提高，但也导致了总人数达 7000 多万因为建设征地拆迁而产生的移民问题，其中包括 1949~2010 年动迁水库移民约 2000 万人，公路、铁路、机场等交通工程移民约 1000 万人，工矿企业、城市改造和开发区等工程移民约 4000 万人。移民工程涉及国家基础设施建设、生态修复、环境保护、灾害治理、缓解贫困等各个领域，现已成为国家现代化建设和构建和谐社会急需解决的重要问题。在 21 世纪，我国仍面临着繁重的工程移民任务。加强移民工程学科建设和科学研究是一项十分重要和紧迫的任务。

一、我国移民工程存在的主要问题

移民是党中央、国务院、各级政府和社会关注的重大问题之一。

我国社会经济发展中移民工程面临的挑战主要体现在以下三个方面。

1）移民工作难度越来越大。受移民地区自然条件差、土地资源、民族宗教等种种条件的限制，以及随之提高的移民维权意识的冲击，相当一部基本建设项目因移民问题无法立项上马，或者工期一拖再拖。

2）移民工程的投资越来越高。随着国家社会经济发展水平的提高，农地征收、房屋征收补偿标准不断提高，水电、城建、交通等移民工程投资占总投资的比例不断增加。例如，1994 年开工的小浪底水利枢纽工程移民投资占工程总经费的比例为 26%，人均移民投资 4 万元，而 2006 年开工的向家坝水电站达到 26 万元，移民投资占工程总投资的比例超过了 50%。并且从长期趋势看，移民工程的投资占工程总投资的比例将会越来越高。

3）移民问题的社会敏感性越来越强。近年来统计结果显示：征地移民、城市拆迁、水库移民上访事件分别约占国土资源部、住房和城乡建设部、水利部上访事件总数的 70% 左右。因移民问题没有得到妥善处理而导致暴力冲突和危害社会经济秩序的案例时有发生。

移民是十分复杂的人口、资源、环境、社会和经济系统的破坏、修复、调整和重建的系统工程,涉及大量的自然科学、工程技术科学和社会科学问题,需要通过学科建设与科学研究加以解决。但是我国当前相关的工作基本上是空白。

移民工程尚未形成一门成熟的在国民经济建设中发挥其独特作用的学科分支。我国移民工程专业的学科建设、人才培养基础十分薄弱,还没有有关移民工程的国家级学术团体、没有一本公开的学术性刊物,国内外学术交流严重不足。我国目前尚没有一支稳定的、高水平的移民工程专业技术队伍。目前仅有河海大学开展了正规的研究生层次学历教育,设有三年制硕士研究生、四年制博士研究生两个层次,培养的移民专业人才难以满足国家和社会根本的需要。另外,在过去的几十年,相关的主管部门在扶植移民学科建设与科学研究方面基本上没有投入,国家自然科学基金、国家社会科学基金、国家重大支撑计划、国家重大软科学研究计划、教育部重大自然科学基金和教育部哲学社会科学基金中,极少设立移民方面的科研课题。有关移民工作的研究经费严重不足,成为制约移民工程学科建设发展的瓶颈。

二、移民工程学科建设和相关科研工作

1. 移民工程是一门综合性的学科分支

移民工作并不是单纯的经济赔偿问题。移民工程是一门综合的,涉及自然科学、工程技术科学与社会科学的交叉性学科。因此,我国有必要加强移民工程科学研究,完善移民工程相关学科建设,通过移民工程学科发展,更好地推动我国经济发展与现代化建设。

移民工程的技术科学属性主要表现在以下几个方面。

1)移民工程是多项技术学科耦合的复杂系统工程。移民缘于对于水、土地、森林等自然资源利用方式的变化,而移民安置又必须基于自然界对于人口的环境承载能力进行人口的地理空间功能重新划分和人口再分布,同时对土地、水、森林等资源进行进一步开发利用,如工程移民、生态移民、环境移民等问题。以三峡工程为例,水库淹没涉及湖北省、重庆市 20 个区县、2 座城市、10 座县城,淹没陆域面积 632 千米^2,迁移人口 120 万。移民工程动态投资超过 1000 亿元。这是一个对该地区进行经济结构重组和社会重建的庞大而复杂的系统工程。三峡库区山高坡陡,耕地、环境容量不足,地质灾害频发,成功地建设这一庞大的移民新区,需要城市基础设施建设和环境、地质等多领域专家的通力合作。

2)移民工程与其主体工程相互交叉、相互制约的特性也体现了其工程技术科学属性。公路、铁路、管道、输变电线路等工程领域内，不同的设计方案将会导致不同规模的移民。例如，高速铁路的路基需要占用大量土地，采用"以桥代路"的方案，不仅回避了征地问题，又满足其对沉降极高的控制要求，这是主体工程和移民工程实现双赢的范例。猴子岩水电站在设计阶段时，将设计水位降低10米，装机容量相应减少10万千瓦，以每年损失6亿千瓦时发电量的代价，保护甘孜州境内已有2000余年历史的古藏碉群，这是移民工作中文化保护与水电开发相互协调的一个典型案例。

3）开发性移民安置方式需要有工程与技术门类学科知识支持。通过开发性移民的安置方式为移民创造新的生产、生活条件，这是保持社会稳定，繁荣地方经济，解决好移民问题的根本出路。为此，需要结合安置区的各种资源禀赋，综合应用工业、农业、林业、渔业、畜牧业等多门类学科知识，在自然环境承载能力基础上，实现生态环境友好、资源开发合理的可持续发展。例如，三峡库区70%是国家级连片贫困区。移民搬迁后，又面临发展地方经济、加快城镇化建设这一十分艰巨的任务，更需要各行各业的专业技术支撑。

移民工程的社会科学属性主要体现在经济学、社会学和管理学基础三个方面。移民过程是特殊的社会变迁和社会发展过程，它需要解决移民群体在生产生活系统的破坏、重建和发展过程中所面临的贫困化、社会关系网络的破坏与重建，民族、宗教、文化的差异性，社会心理调节等一系列的社会问题。我国是社会主义国家，我国的宪法规定了土地、河流、矿产资源的国有属性。因此，需要研究中国特色社会主义体制下的移民学科，建设以人为本，与经济、资源、生态环境协调的可持续发展的和谐社会的移民工程学。

2. 需要加强移民工程的科学研究工作

作为一项庞大而复杂的系统工程，移民工程存在大量涉及政策、体制、管理实施等的问题急需研究。在大量的前期调研基础上，以下四个关键科学技术问题应着重开展研究，为我国经济发展与现代化建设进程中的移民问题的合理解决提供重要的理论依据。

（1）复杂移民系统演变与恢复重建的理论研究

研究复杂移民系统相互耦合关系，复杂系统演变与移民安置方式、补偿标准确定和复杂移民系统社会网络重建的基础理论。

移民搬迁的资源损失调查和补偿标准的确定是进行移民安置的基础。近年来移民补偿标准水涨船高。片面提高移民补偿标准，会诱使移民产生"等靠要"心理，提出更高的诉求；片面压低补偿标准，又会在移民中产生不满情绪。移民补偿标准需要一个合理统一的标准。生态移民、灾害移民及环境移民也具有同样的系统演进特征和规律。为此，需研究人口再分布，以及以自然经济社会系统破坏、恢复、重建为特征的复杂移民系统，探索有关基本构成、演变机理、建模分析、流域及区域尺度的系统演变模拟等方面的基础理论。

（2）开发性移民相关的技术创新与集成研究

开发性移民是从根本上解决被剥夺了生产资料的移民的就业和致富、促进地方经济发展的手段。为此，在国家为移民地区提供的资金、政策等种种优惠条件支持下，因地制宜地综合应用工业、农业、林业、渔业、畜牧业等应用工程与技术学科知识，可以为振兴地方经济注入巨大的活力。研究内容包括移民影响规模、范围及安置规划设计技术，移民安置补偿标准确定，以及环境容量分析技术和移民安置综合集成技术研究。

（3）工程移民的利益共享模式与机制

工程移民为我国基础建设做出了贡献，应当分享工程开发所获得的效益。以三峡工程为例。其上网电价是 0.26 元／千瓦时，在上海的终端用户支付的电价为 0.54 元／千瓦时，每千瓦时电的产值可以达到 8 元。在这样一个电能效益增值过程中，移民做出了极大的牺牲，得到的利益却少之又少。移民、安置地居民、工程所在地区如何在工程建设过程中不仅获得合理、公正、公平的补偿，而且也能够分享工程的效益，实现资源开发利用、区域社会经济发展、移民安稳致富、多方合作的"多赢"机制，是建立社会友好型工程的关键，亟待研究解决。目前，国内已经开始尝试采用长期补偿、社会保障、就业培训转移等多种安置方式创新。

长期补偿是国内水电行业正在较大范围推广的有效措施。但国内对长效补偿移民安置方式的争议不断。部分专家和学者认为长效补偿虽能解决现有移民有土安置难的问题，但也存在补偿期限（一般采用 50 年的补偿期）与现有的土地承包期（现有法律规定为 30 年）冲突、长效补偿标准计算依据不足、长效补偿待遇继承问题难以解决，以及长效补偿资金同工程效益挂钩的做法存在很大风险等关键性问题。

（4）移民与社会安全问题研究

我国水电开发、矿产资源开发的重点在西部，因此由大型基础工程建设而引起的工程移民问题在西部较为突出。灾害移民、生态移民、环境移民、扶贫移民也多发生在西部。而西南和西北地区是我国少数民族居民聚居地区。这些地区少数民族居民的传统文化、宗教信仰、生活方式和生计方式差别较大。随着西部地区基础设施建设、资源开发利用、生态环境保护、自然灾害防治、扶贫开发进程的不断加快，少数民族地区的民族、宗教、文化遗产保护、移民生计恢复和社会安全问题也将越来越突出。需研究民族和宗教、移民生计替代、恢复与安置区，以及社会安全文化遗产保护等方面的社会安全问题。

3.初步规划移民工程学科体系

培养专业技术人才、建设与完善移民学科体系是促进移民工程发展的基础性工作。从移民工程学科的基本特征看，宜在工学门类里设立移民科学与工程一级学科，分设移民科学、移民工程和移民管理三个二级学科。在移民科学下设移民科学基本理论与方法、移民系统的演变规律两个研究方向；在移民工程下设移民系统规划设计、移民生计系统恢复与重建技术和移民生活系统恢复与重建技术三个研究方向；在移民管理下设移民管理科学、移民项目管理、移民社会管理、移民经济管理四个研究方向。希望通过努力，实现以下目标。

近期目标：在国务院学位委员会学科目录中增设移民工程相应学科。在水利工程一级学科中设置移民工程二级学科，在管理科学与工程一级学科中设置移民科学与管理二级学科。

远期目标：在国务院学位委员会学科目录中设立移民科学与工程一级学科，分设移民科学、移民工程和移民管理三个二级学科。

三、主 要 建 议

通过广泛调研与相关问题的研究，对加强移民工程学科建设和相关科研工作提出以下建议：①成立中国移民工程研究会，挂靠国家发展和改革委员会。②加强移民工程科学研究投入，将移民工程科学研究内容纳入国家自然科学基金、国家社会科学基金和科技部年度科研立项指南，并优先给予资助。研究项目可以结合在建或拟建的大型工程项目进行，以期在较短时间取得实质性进展，并为国家工程建设中的移民问题的解决提供重要的理论基础与有效途径。

（本文选自 2012 年咨询报告）

咨询组成员名单

陈祖煜	中国科学院院士	中国水利水电科学研究院
张楚汉	中国科学院院士	清华大学
王光谦	中国科学院院士	清华大学
钟登华	中国工程院院士	天津大学
周宪政	教授级高级工程师	三峡建设委员会
周建平	教授级高级工程师	中国水电工程顾问集团公司
黄润秋	教　授	成都理工大学

龚和平	教授级高级工程师	中国水电工程顾问集团公司
杜景灿	教授级高级工程师	中国国际工程咨询公司
郭万侦	教授级高级工程师	中国水电工程顾问集团公司
施国庆	教 授	河海大学
陈绍军	教 授	河海大学
姚松岭	教授级高级工程师	世界银行中国代表处
张 维	教 授	天津大学
陈 通	教 授	天津大学
张 霞	教 授	成都理工大学
王玉杰	教授级高级工程师	中国水利水电科学研究院
余庆年	副教授	河海大学
任爱武	高级工程师	中国水利水电科学研究院
孙中艮	讲 师	河海大学
赵宇飞	工程师	中国水利水电科学研究院

关于城乡统筹方针下我国城镇化
合理进程的建议

陆大道 等

一、近年来我国高速城镇化进程及其出现的突出问题

"十一五"期间，国家对城镇化发展方针做了调整，提出"要积极稳妥推进城镇化"。可是，一些地方政府仍在快速推进城镇化。国家"十二五"规划再次强调"统筹城乡发展，积极稳妥推进城镇化"，但一些地方还是未按规定办理。近年来，我国城镇化率年均增长仍保持在1.3个百分点以上，说明高速城镇化发展态势仍未得到有效遏制。

1. 片面追求城镇化速度与规模，土地城镇化过快、失地农民持续增多

城镇化进程中政府的角色在于公共基础设施等硬件的投资建设，以及医疗、教育、就业等社会保障体系的软件建设。但是，许多城市管理者过分追求城镇化指标，利用行政力量，片面做大城市规模，使土地城镇化远快于人口城镇化，一些地方"要地不要人"的问题严重。1996~2008年，全国城市用地和建制镇用地分别增长53.5%和52.5%，但农业户籍人口仅减少了2.5%。2000~2008年，21个省（自治区、直辖市）城镇用地增长率快于城镇常住人口增长率，18个省（自治区、直辖市）城镇用地增长率快于城镇非农人口增长率。部分地方为了扩大新增建设用地指标，背离城乡建设用地"增减挂钩"政策，擅自扩大挂钩规模，导致强拆强建、逼农民上楼等恶性事件时有发生。

快速城镇化对农村土地征占规模越大，失地农民群体性事件就越多。初步统计分析，当前我国失地农民达5000多万人，近10年因建设征地，年均新增失地农民约260万人。大多数地区的失地农民没有得到公平、足额的征地补偿和妥善的就业安置。失地农民进城，但大多不能从被征占的土地开发与建设中受益，陷入种地无田、上班无岗、低保无份的困境。

2. 中小城市和小城镇发展迟缓，城镇规模结构严重失衡

政府财政投入是城市基础设施建设的主要资金来源，但地方政府投资落地时主要偏向大城市。中小城市与小城镇因区位相对偏远，重视程度不够。而小城镇建设，因自身投入能力有限，在推进"乡财县管"改革后，建设投资出现了严重滑坡，乡村建设就更加滞后。以 2008 年市政公用设施建设固定资产投资为例，城市人均投资分别是县城的 2.26 倍、建制镇的 4.48 倍、乡的 7.27 倍和行政村的 20.16 倍。

城镇等级体系和规模结构出现严重失衡。2000~2009 年，我国特大城市和大城市的数量分别由 40 个和 54 个骤增到 60 个和 91 个，其城市人口占全国城市人口的比例分别由 38.1% 和 15.1% 增加到 47.7% 和 18.8%，而同期中等城市和小城市的数量分别由 217 个和 352 个变化为 238 个和 256 个，城市人口比例分别由 28.4% 和 18.4% 下降到了 22.8% 和 10.7%。

3. 农村空心化严重，土地闲置和基础设施废弃

近年来城镇化高速发展，在很大程度上是建立在对农村的"高抽低补"基础之上的，直接导致农村的快速空心化和主体老弱化。即抽去了农村大量的土地、青壮年劳动力、储蓄资金等优质生产要素，仅给予了少量的征地补偿和政策补贴，拉大了城乡差距，牺牲了农村和农民的利益。

城乡建设"两头"占地，导致耕地快速减少。农村人口非农化，一方面促进了城镇建设用地的规模扩展，另一方面农村"一户多宅"的问题日益突出，导致农村人口减少而村庄建设用地反增。近 10 年来，我国城镇建设年占用耕地在 300 万~400 万亩。对山东省禹城市 48 个典型村、1.2 万余宗宅基地的调查显示，宅基地的废弃率达 8.8%、闲置率达 10.4%，40.4% 的农户拥有两处以上宅基地。农村房屋废弃闲置和"建新不拆旧"呈现上升趋势，造成了大量耕地的占用和破坏。

农村公共物品供给不足和基础设施建设资金缺乏的现象相当普遍。由于农村居住过于分散，即使政府投向农村建设资金，也难以找到有效支撑的空间平台，导致大多耗在途中、撒在点上，不能起到实效，也造成了农村聚落、产业、医疗和教育等公共服务设施的空废，农村生产、消费与保障功能出现衰退，引起城乡差距的进一步扩大。

二、高速城镇化未能得到有效控制的主要原因

1. 对城乡统筹方针的认识不到位或根本不考虑

当前一些地方政府对城乡统筹方针的认识存在误区。主要有以下几种情况：一是城乡统筹就是"以城统乡"，变农村为城镇，甚至有的地方提出减少"过程

浪费""消灭农村"的冒进口号。二是城乡统筹就是"城市先行",先建好城、城再带乡,成为一些地方热衷于大城市建设的理由。三是城乡统筹就是"城乡统管",不适当地推行"撤乡并镇"和"改村建居",扩大城镇的管辖范围,追求虚高的城镇化速度和水平。四是城乡统筹就是"城占村补",一些地方干部认为城镇化就是土地非农化。依赖城市占地,由农村来补充,过度追求城市建设用地指标和地方土地财政。

2. 片面的政绩观助长了城镇规模的不断扩展

很多城市都热衷于大规划、大建设。随意地修改城市规划和扩大城镇规模,借以征占农村集体土地搞开发建设。甚至于操控"低征高卖",疯狂寻租,大肆卖地,导致土地征而不用、囤积闲置的问题十分突出。目前对具有严重负面影响的政绩工程、耕地非法转用、城镇空间过度扩张等问题仍缺乏长效的问责制度,助长了一些地方政府片面追求政绩和自身利益。

大量的土地出让背后,暴露出城市发展对土地的依赖有增无减。据国土资源部统计,"十一五"期间全国土地出让金累计 7 万亿元。2006~2010 年全国土地出让金由 0.77 万亿元上升为 2.71 万亿元,土地出让金占地方财政收入的比例也由 41.9% 上升为 76.6%。北京、上海、天津等大城市的土地财政收入位居全国前列。问题的关键在于几万亿的土地财政收入属于政府财政预算外收入,这是各地政府竞相追逐城镇建设规模的内在动力。

3. 追求城镇化虚高目标的攀比之风盛行

虚高的城镇化率与不切实际的冒进做法有着直接的关系。东部地区和中部传统农区的有些省市,为了短期内实现赶超全国城镇化水平的目标,人为地设定1.8%~2% 的城镇化年增长率指标,还分解到所辖各市县。城市规划越调越大,中心城镇和农村社区化迅猛推进,以此达到做大城镇规模和提高城镇化率的目标。

片面追求虚高的城镇化率,直接导致攀比之风盛行。一些地方热衷于通过发展新区、建设大学城和产业集聚区(实质上就是工业区)吸引外来人口。当前 2亿多农民工基本上属于"两栖人口"。让农民进城,既是快速提高城镇人口数量所需,也可以作为扩大城镇建设用地规模的依据。

一些省市积极推进行政区划的调整,广泛推行"扩区建城",扩大城市辖区面积。这些新的城镇区域,产业结构并未转型升级,基本上没有城镇的配套基础设施,结果只是城镇人口规模上去了,而并没有实现真正意义上的城镇化。

4. 城乡一体化规划的工作跟不上

城市规划的编制和实施往往受制于领导意志。一些城市领导在需要迅速扩大城市的规模、圈占更多土地时，就要求城市规划"做大"人口规模。有些10万~20万人的小城市，5年内就要变成50万人口的大城市；而在提供城市公共服务时，则以户籍为门槛，"有理有据"地将农民工拦在外面。而且，当前城市规划体系中城乡分割严重，乡村问题考虑甚少。乡村建设缺乏科学的规划作为指导和支撑。

农民是城镇化的重要主体，但是在高速城镇化进程中农民发展的意愿和农村发展的战略被长期忽视。无论是农民进城就业或留村居住，还是农村产业发展和环境保护，都缺乏城乡一体化发展的规划引导及管控机制，以致在盲目推进的大城市建设中，一方面造成大城市的无序扩张和农村土地的严重流失，另一方面也带来农村空心化的加剧发展和城乡差距的持续拉大。

三、关于我国城镇化进程和实现城乡统筹的几点建议

按照城乡统筹方针的要求，城市化水平越高、经济越发达，越应重视农业和农村的发展。现阶段我国城镇化正进入转型关键期。正确把握城镇化的合理进程，关键在于优化城镇化发展的进程和规模结构，促进城镇人口、土地与就业的协同增长，逐步消除农村劳动力进城务工与落户面临的制度性障碍，推进真正意义的城镇化模式。具体有以下几点建议。

1. 根据我国国情和经济发展阶段的特点，确定城镇化合理速度

2010年，我国城镇化水平已经达到50%。高速城镇化需要庞大的产业支撑。我国城镇化需转移安置人口与提供就业岗位的压力越来越大。因此，我国不能盲目追寻某些发达国家或新兴经济体的城镇化模式，我国城镇化也难以达到发达国家70%~80%的高水平。当前，城镇化发展从"过速"到"适度"转变，成为城镇化健康发展的客观需求。

应科学预测我国城镇化发展，设定适宜的城镇化速率。根据我国各个时期城镇化发展的历程，充分考虑资源环境承载力和产业支撑能力，在今后一段时期内城镇化率年均增长控制在1.0个百分点以下为宜。与此同时，不同区域的城镇化发展速度应当有所差异。各地区在编制国民经济和社会发展规划，以及土地利用规划、城镇体系规划和城乡总体规划时，应因地制宜，研究制定符合各个地区实际的发展目标，防止城镇化率及有关城镇发展指标的盲目攀比。

2. 加快中小城市、小城镇建设，优化城镇体系空间格局

优化发展大城市，加快中小城市和重点小城镇基础设施建设。着力夯实中小城市、小城镇发展的产业与区域发展基础。特别是要使生产力合理布局，将一

部分中小企业及其研发机构配置在县城和中心镇。要提高地方政府的管理和服务能力，创造有利于企业创新和产业集聚的社会环境。从长远角度，需要构建以大和特大城市—中等城市—小城市（包括县城）—小城镇—农村新型社区为框架的城镇等级体系。特别是中小城市、小城镇在城乡统筹发展中发挥着重要的枢纽作用。因此，要加强县城及建制镇的城镇建设投入，以县域城镇化作为未来 10~15 年中国城镇化发展的重要环节。

科学推进农村新型社区及中心村的建设。农村的稳定与发展既是城镇化的前提，也是城乡统筹发展的重要目标。针对城镇化进程中农村人地关系的新情况和新问题，建议以农村土地综合整治为途径，科学推进农村新型社区及中心村建设，促进农村组织整合、产业整合。加快农村居住的社区化、农业生产的园区化及农村的现代化进程，为城乡统筹和优化城镇体系空间格局搭建新平台，逐步实现城乡基本公共服务的均等化，让农村居民更好地共享城镇化和工业化的发展成果。

3. 按照主体功能区的要求，探索城乡一体化发展的优化模式

按照推进形成国家主体功能区的要求，不同类型区域应推行不同的城镇化模式，制定不同的城镇化发展速度和规模目标：①优化开发区实施集约型城镇化，促进产业结构升级和基础设施共享，提高用地效率；②重点开发区实施产业带动城镇化模式，在土地指标、产业发展等方面给予一定的优惠支持，促进产业和人口集聚，加快城镇化发展；③农业型限制开发区实行分流型城镇化模式，鼓励农民外出安居乐业，着力开展农村中心社区建设，确保农民能够以地为生；④生态型限制开发区以迁移型城镇化为主，适度推进农牧民中心村镇定居，提高其社会保障水平，实施生态补偿。

要推进城镇常住农民工的市民化进程。未来应以提高城镇化的质量为主，杜绝"要地不要人"现象。从制度上给农民工（转为市民）群体提供基本的城镇公共服务。新生代农民工和已有城市稳定工作及住房的中年农民工家庭，应是新时期城镇化发展的重要群体。尤其是我国新生代农民工，人口总量约 1 亿人，其中约 8000 万人未婚，普遍缺乏农业生产技能，渴望融入城市社会。应适时推行制度改革和政策创新，力促该群体率先成功实现完全的城镇化，将带动 1.5 亿 ~2 亿农业人口实现城镇化转移，从而有效提高真实的城镇化水平，并持续推进我国城乡统筹发展进程。

4. 加强城镇化信息监测，制定城乡一体化规划

要改变我国当前存在的城乡人口规模数据不完全、统计口径不一的状况。近期应加强城镇化信息的研究和监测，重点是城乡地域划分标准、历史统计信息精度校验、城镇化空间数据库和信息监测体系的研究，为我国城镇化水平及其质量

的评估，以及城镇规模体系的测算提供科学基础。

　　走中国特色城镇化道路，要研究和制定统筹城乡发展的规划体系，重点是一体化的基础设施和城乡一体的中小型产业体系规划，发展和完善城乡规划中的公众参与机制，从提高城市和农村居民生活质量、维系产业经济可持续发展、保护城乡景观文化等角度，制定合理的城市边界，走城乡各具特色、利益兼顾的发展之路。同时，根据我国基本国情，适当降低城市人均用地标准，严格控制人均用地上限。建议建立城镇用地经济密度指标和区域国土开发强度指标，协调城乡用地结构，控制城镇用地的无序扩张。

（本文选自 2012 年咨询报告）

咨询组成员名单

陆大道	中国科学院院士	中国科学院地理科学与资源研究所
郑　度	中国科学院院士	中国科学院地理科学与资源研究所
叶大年	中国科学院院士	中国科学院地质与地球物理研究所
刘彦随	研究员	中国科学院地理科学与资源研究所
高晓路	研究员	中国科学院地理科学与资源研究所
刘　慧	研究员	中国科学院地理科学与资源研究所
陈玉福	副研究员	中国科学院地理科学与资源研究所
段进军	教　授	苏州大学
陈明星	助理研究员	中国科学院地理科学与资源研究所
张　华	副教授	北京师范大学
张文忠	研究员	中国科学院地理科学与资源研究所
张晓平	副教授	中国科学院研究生院
白永平	教　授	西北师范大学

创新理念与方法：深化我国物质文化遗产的科学认知与保护的建议

干福熹　等

　　中华民族 5000 多年的灿烂文明曾创造并留存下来大量弥足珍贵的文化遗产。文物遗产特别是物质文化遗产是中华文明形成、发展与辉煌的历史见证，也是人类文明的瑰宝。这些宝贵的文化遗产蕴涵着各个时期中华民族的历史、文化、艺术、科学和技术价值，是维系民族团结、国家统一、文化认同的牢固纽带和重要桥梁；是推动文化大发展大繁荣，提高国家文化软实力的不可再生的重要物质资源；同时，也是调结构促发展、培育战略性新兴产业，实现经济社会全面、协调、可持续发展的重要战略性资源。深化我国物质文化遗产的科学认知和保护，对于实现我国由文化遗产大国向文化遗产研究和保护强国的战略转变具有重要意义。

一、我国物质文化遗产科学认知与保护工作的进展

　　新中国成立后，在党中央、国务院的高度重视和正确领导下，国家文物行政主管部门大力推进科学技术在物质文化遗产认知和保护中的应用，加强了顶层设计和战略规划，组织动员了科技界与文物界通力合作，与国际组织间的交流与合作也日趋活跃，使我国物质文化遗产科学认知与保护工作迈入了一个崭新的历史发展阶段。取得的进展主要包括以下三个方面：①国家对物质文化遗产研究和保护的支持力度加大，并取得明显成效；②已具有一定规模的科学研究机构，文物研究和保护领域的科研组织体系也有所完善；③现代科学技术的应用日益广泛，自然科学和人文科学的交叉融合日益受到重视。

二、我国在物质文化遗产科学认知与保护领域存在的突出问题

　　我国虽然是物质文化遗产大国，但不是物质文化遗产研究强国。与发达国家相比，我国物质文化遗产科学认知和科学保护的整体水平相对落后，尚未充分

反映出中国作为一个文明古国，在物质文化遗产领域对人类文明发展所做出的巨大贡献。主要表现为：①物质文化遗产保护的总体形势依然严峻；②针对物质文化遗产科学认知与保护的较长期规划中，缺乏统一组织实施的多学科、多技术的科学系统工程；③我国物质文化遗产认知和保护的科学理念和科学化水平亟待提高，诸多共性、关键科学与技术难题尚未解决；④物质文化遗产科学研究的装备水平总体落后，科学技术的有效支撑明显不足；⑤从事交叉学科研究的复合型人才队伍体量太小，战略科学家匮乏；⑥研究经费投入严重不足，渠道较为单一，分配结构不合理。

三、对策与建议

鉴于我国物质文化遗产科学认知与保护工作面临的严峻形势，以及我国在此领域与发达国家的巨大差距，建议基于《国家中长期科学和技术发展规划纲要（2006—2020年）》和正在组织实施的"国家文化科技创新工程"，以物质文化遗产研究和保护相关科学技术的国际发展趋势为导向，对我国物质文化遗产的科学认知与保护进行前瞻性总体部署。面向物质文化遗产科学认知和保护的重大科技需求，由财政部设立专项基金，紧急启动"国家物质文化遗产的科学认知与保护研究"重大专项计划，加快科学技术在物质文化遗产保护中的支撑力度，完善相关"软性"支撑环境，推动物质文化遗产科学认知与保护工作的跨越式发展。

建议的重大专项计划主要研究内容如下所示。

1. 积极发展和创新各种现代科学技术手段，建立物质文化遗产科学认知与保护的科学技术支撑体系

1）全面发展数字化技术在物质文化遗产研究和保护中的应用。

2）发展和完善基于无损及微损分析技术手段的测定完整文物物理和化学特性、断源断代的技术方法体系。

3）要充分发挥已有大型科学装置在物质文化遗产科学认知与保护领域中的应用，构建若干共享的分析测试和数据资源平台。

2. 凝练若干重要科学技术专题，解决我国物质文化遗产保护的基础性、关键和共性科学与技术难题

加强跨学科、跨部门的综合性基础研究，解决物质文化遗产科学保护领域的基础性、关键和共性科学与技术难题，建立文物保护科学的理论体系，将极大加快我国物质文化遗产保护由被动的"抢救性保护"向主动的"预防性保护"转变。重点应放在可移动文物的病害形成规律、劣化机理、多环境耦合模拟实验研

究，不可移动文物的结构稳定性评价方法研究，传统保护工艺的科学化研究，新型保护材料的研发以及其保护机制和保护效果的研究。

3. 深化对文物本体和相关遗址、遗迹的科学认知，提高我国在此领域的国际学术话语权

1）采用数字化技术分析完整器物的器形、纹饰、款式、色泽、铭文、外在工艺特征等宏观性质，并与"眼学"观测特征作比较研究。

2）对完整器物进行无损和微损分析，全面获取器物的化学成分、物相组成、显微结构、制作工艺、制造年代等综合信息，特别是要对历代名瓷进行多元断源断代研究。

3）建立统一的信息提取规范和测试标准，构建标本库和文物综合信息数据库，为上述文物的科学鉴定事业打好基础。

4）将对文物本身的科学认知与相关制作遗址、遗迹的深入调查研究密切结合，从金属质和硅酸盐质文物的矿料（玉石、铜、铅、锡、汞等矿产）来源、资源开发规模和产品流通模式，技术起源的时间、地点和技术传播模式，典型文物的制作工艺、生产制作设施的演变规律等方面展开系统研究。

5）在国家相关项目前期支持的基础上，争取在金属和硅酸盐质文物（原始瓷、彩陶、玉器）的技术起源及早期发展研究上做出新成果。

6）以丝绸之路上的金属、硅酸盐质和纺织品文物的科学认知为依托，探讨与西方相互交流的途径和方式，揭开中外来往中的技术和文化交流之谜，以及古代中国对人类文明发展所作的巨大贡献。进一步推动"文明探源"和"指南针计划"专项研究的学术进展。

4. 加强国家物质文化遗产研究和保护专业人才和高端人才的培养

要通过重大项目的实施，抓紧培养和造就一批文物保护科技专业人才、复合型人才和学术带头人。要加强培养文物修复技师和文物保护中级工程技术人才的力度，在从事多学科交叉研究的高级人才中培育领军人才，形成高、中、基础人才有机结合的梯级人才体系。建议在有条件的综合性大学设立物质文化遗产科学和技术系，在相近专业加入物质文化遗产研究和保护的课程，在相关的艺术、设计类院校开设专业选修课，逐步在研究生教育中增加物质文化遗产的科学认知和鉴定、科学修复和保护等相关专业方向。进一步促进国家文物局、中国科学院、教育部相关研究机构联合培养硕士、博士研究生。

5. 加强国家层面的政策引导和宏观管理，完善相关的机制体制建设

要充分发挥政府在科学技术创新中的政策引导作用，鼓励和促进各部委、各地区提高对物质文化遗产科技研究和保护的投入；调整资源配置方式，吸引全社会优质科技和智力资源；引导转变传统的认知和保护思维，彻底解决条块分割和学科壁垒等问题，建立自然科学界和文物考古界协同开展物质文化遗产科学认知与保护工作的新局面。

6. 进一步发挥博物馆在研究、展示和保护物质文化遗产的综合价值中的作用，增强民众对物质文化遗产的科学认知与保护

博物馆是公共文化服务体系的重要组成部分，是人民群众了解我国悠久文明史和珍贵物质文化遗产的重要窗口。要提高博物馆的现代化水平，加强智能化、数字博物馆建设，提升博物馆陈列展览文化与艺术表现能力，为满足人民群众不断增长的精神文化需求，加深人民群众对物质文化遗产的价值的科学认识，建设良好的社会环境，自觉保护文化遗产。

（本文选自 2012 年咨询报告）

咨询组成员名单

干福熹	中国科学院院士	中国科学院上海光学精密机械研究所
薛永祺	中国科学院院士	中国科学院上海技术物理研究所
杨福家	中国科学院院士	复旦大学
冼鼎昌	中国科学院院士	中国科学院高能物理研究所
王世绩	中国科学院院士	上海激光等离子研究所
沈家骢	中国科学院院士	吉林大学
黄本立	中国科学院院士	厦门大学
朱清时	中国科学院院士	南方科技大学
田中群	中国科学院院士	厦门大学
姚　熹	中国科学院院士	同济大学
郭景坤	中国科学院院士	中国科学院上海硅酸盐研究所
姜中宏	中国科学院院士	中国科学院上海光学精密机械研究所
肖纪美	中国科学院院士	北京科技大学
郭华东	中国科学院院士	中国科学院对地观测与数字地球科学中心
潘云鹤	中国工程院院士	中国工程院
葛修润	中国工程院院士	中国科学院武汉岩土力学研究院
薛群基	中国工程院院士	中国科学院兰州物理化学研究所

江东亮	中国工程院院士	中国科学院上海硅酸盐研究所
马清林	研究员	中国文化遗产研究院
袁 靖	研究员	中国社会科学院考古研究所
黄克忠	研究员	国家文物局科技专家组
陆寿麟	研究员	国家文物局科技专家组
王丹华	研究员	国家文物局科技专家组
李最雄	研究员	敦煌研究院
杨军昌	研究员	陕西省文物考古研究院
承焕生	教 授	复旦大学
罗宏杰	教 授	上海大学
张柏春	研究员	中国科学院自然科学史研究所
苏荣誉	研究员	中国科学院自然科学史研究所
王昌燧	教 授	中国科学院研究生院
梅建军	教 授	北京科技大学
鲁东明	教 授	浙江大学
李伟东	研究员	中国科学院上海硅酸盐研究所
顾冬红	研究员	中国科学院上海光学精密机械研究所

项目组秘书

李青会	副研究员	中国科学院上海光学精密机械研究所
关晓武	副研究员	中国科学院自然科学史研究所

未来储能：技术与政策

理查德·威廉姆斯　等

　　英国皇家工程院与中国科学院于 2011 年共同举办了两次高层研讨会，重点探讨了中英双方拟加强合作的领域，以加快储能技术的发展，并解决所面临的关键技术、制造、商业化和政策障碍。研讨会总结了当前两国发展和部署储能技术的国家和区域政策驱动因素，特别关注与交通和电网应用相关的电力储能技术领域[①]。

　　本报告旨在总结这两次研讨会以及 2012 年 2 月在伦敦举行的中英两国主要利益相关方讨论会上所传递的关键信息。报告陈述的观点是研讨会成员的观点，而非英国皇家工程院和中国科学院的观点。研讨会后，在储能技术政策方面产生了更进一步的活动和报告，其中一些直接形成了研讨会成员的政策建议。

一、政策背景

1. 政策挑战与机遇

　　虽然中国和英国有着不同的能源结构、社会驱动因素和政策框架，但都有提高低碳能源使用、解决需求增长和应对挑战的共同愿望。同样地，在供给方面，两国都面临着在电力或碳排放基准或能源定价依据缺失的经济环境中，改变能源结构所导致的不确定性和风险上升的挑战。储能的开发和部署被视为管理间歇性低碳发电技术的一种重要选择。储能的部署还将为电网带来更多益处，包括缓解输配电制约、优化电压控制、提供快速储备，以及作为提高动态稳定性的潜在工具。然而，需要考虑的关键问题是：需要多大规模的储能能力？需要开发哪些技术？这些技术应该部署到哪里，如电网、城市、居家（房屋）？

　　缺乏这些问题的可靠答案除了阻碍高效低碳基础设施、系统和工艺的发展，看来也会减缓在工程、制造和服务业等部门创造新商机的潜力。

[①]　来自中国和英国的 100 多位专家参加了这两届研讨会，相关资料可从下面网址获取：http://www.raeng.org.uk/news/releases/shownews.htm?NewsID=626.

2. 中国和英国的能源政策

英国和中国政府的能源政策分别主要由英国《气候变化法案》[1]和中国"十二五"规划所衍生。两国都在致力于解决能源体系结构转变和降低消费需求的挑战。英方参会人员强调了天然气、煤炭、核能和可再生能源这一能源结构安全和定价的重要性。而在中国，石油利用比例较低，煤炭占主导地位，不过核电、油页岩、太阳能、水电和风能所占份额正在增加。

在中国，能源发展的部分关键需求来自日益增长的车辆需求，国家正会同私营部门一起审视电动和电池技术在交通系统方面所扮演的角色。在满足日益增长的电力需求方面，中国或许将会面临更大的挑战，尤其是在大城市夏季用电高峰期。人们普遍认为需要在可再生和可持续发电、储能和智能基础设施等领域加强研发。政府方面相信，未来将形成一个多元化的市场，国有和私营企业合作开发电网和储能技术。参加研讨会的人员提供了一些这类合作关系的案例。

中国发展储能的主要驱动力是应对不断增长的工业和家庭用电的战略需求，尤其是在快速扩张的城市。目前，满足社会需求的要求可能会导致只能满足特定的城市和地区。一些地方已经出现了无法对工业用户提供连续电力供应的情况，如多个省市或有计划或被动地采取了限电措施。

英方参会人员在发言中主要关注于如何促进英国的能源体系更加可持续发展（《气候变化法案》的目标是，到 2050 年其二氧化碳排放量相比 1990 年的水平降低 80%），同时不影响其安全性和可负担性方面所面临的一些关键挑战。以交通运输领域为例，人们认为具有改良的储能性能，同时采用脱碳发电的电动汽车成为主流对于实现这一目标至关重要。研讨会发言人员认为需要发展核能，加大风能发展力度，同时关注不断成熟的其他可再生能源技术（特别是生物燃料）。发展和部署工业规模储能技术被视为是应对这些低碳发电技术的间歇性，以及维护电网安全性、灵活性和效率的关键。

3. 中国和英国储能技术的政策环境

虽然中英两国都在发展各种储能技术，并已认识到对储能的需求，但该领域尚未在政策层面上得到高度重视，也没有明确纳入到具体的政策文件或规划。对两国涉及电网或交通部门关于电能系统的研究和政策优先事项进行比较，可以发现以下几个关键差异。

（1）中国

1）石油的缺乏导致煤炭仍将作为主要电力来源。

2）开发基于电动汽车及相关电池 / 电源消耗品的全国和全球市场是一个重

---

[1] 2008 年生效，参见：http://www.legislation.gov.uk/ukpga/2008/27/contents.

要的优先事项。国家对电动汽车发展（研究、示范和企业）给予了相当大力度的财政支持，并确定了 25 个国家电动汽车试验示范区（作为一个更广泛的生态议程的一部分）。

3）中国发展电动汽车是把公共交通作重点，而非英国以小轿车为重点。未来将随着国情变化实时调整。

4）在国家层面目前尚无与储能相关的直接政策，但很多行动正在进行，主要是电池技术以及与大规模吸纳可再生能源（风能、太阳能）的混合储能系统，少数私营部门也在一定程度上参与其中。

（2）英国

1）已有一些电动汽车计划，重点在家用车辆。

2）有关产业和社会除碳化的立法是税收/收费和商业模式变革与探索的有力驱动。

3）英国政府已成立了"低能耗汽车办公室"，以推动相关政策和变革。

4）地方的作用很重要，如"伦敦交通"（氢能巴士），"充电场所"（12 个城镇）及相关电网计划（如"低碳伦敦"）等。地区性项目的范围通常都不大。

5）没有与储能明确相关的政策。

6）定价和市场的不确定性为寻找稳定收益流的投资者带来了挑战。

（3）参会人员提请注意储能技术发展和部署面临的许多政策和经济障碍（除特别说明外两国均相同）

1）电力定价标准增加了储能技术在商业上的不确定性，给商业模式带来额外的风险和复杂性。

2）难以对储能进行准确定价。一些技术主要用于储存可再生电力，但同时也作为国家战略储能设施。

3) 商业模式较为复杂，而且会因电网或工业过程中储能部署的地点不同而不同。

4) 储能技术和储能资产的所有权较为复杂。

5) 缺少各种应用规模下储能系统及其经济性的强大建模能力。任何这类模型都需要考虑到经济因素和人为因素。

6) 储能在技术意义上的灵活性及对中英两国国家安全方面的影响是整体建模和系统设计中的重要因素。

7) 在英国，二氧化碳排放规划目标的轻微变化就会显著改变全国或主要地区的最优能源供应结构（煤炭、天然气、石油、核能、可再生能源），导致出现非优化解决方案的高风险，并产生重大财政和社会影响。

8) 目前，需要在储能技术的研究、开发和应用之间形成包括学术界、政府和私营部门在内的更强大的联盟，并需要通过市场开发和战略指导来解决主要障碍。

9) 需要利用更好的方法进行分析，将不同的政策假设或情景及储能技术的部署策略结合起来。

10) 在欧洲范围内，一个竞争性技术市场正在出现（如电池、飞轮等），这个市场受到外部激励措施或环境的驱动，但往往未考虑运行全成本。

参会人员认为，中英两国目前的政策框架阻碍了储能解决方案的发展。对上述政策、结构和商业／经济问题的解答将有助于阐明利益相关方对储能的经济与环境效益的认识，并有助于为潜在的投资者明确稳固的收益流。

二、技 术 机 遇

概括而言，研讨会在探讨中英两国电网应用领域储能技术的合作机遇时，其重点集中在示范项目领域，同时与会者认为双方在交通运输领域储能技术的研发方面存在更广阔的合作空间。

1. 车辆相关储能技术的合作机遇

中英两国均在开展车辆储能技术研发。一般而言，中国的储能技术创新来自让买不起汽车的人们能够拥有个人交通工具的需要，而英国则在于研发与现有的成熟技术性能相匹配的储能技术。中国的小型车辆（包括电动自行车、超轻型车及经典的国际小型车）市场规模已经很大，并且还在不断增长。而在英国，主要的驱动力是学术研究与开发低成本化石燃料替代品，以支持温室气体排放目标。两国小型汽车的成长在前期都得到了政府的资金补贴。

在中国，企业受到从事产品工程与制造系统开发的应用型研发机构的支持。很多这些研发机构参加了中英研讨会。这些研发机构与企业合作，由企业向中国这三类电动车辆市场供应电池，具有强大的原型产品开发与规模化生产能力。在英国，产品的研发更多地由工业界负责，而基础与应用研发集中在高校，尽管后者的研发经常跟企业研发相联系，或者通过成立衍生企业的形式商业化。

中英两国的研究重点是相似的，中国更注重开发原材料的利用途径（包括煤炭与稀土），而英国则是在更大范围内研究高质量低碳交通技术，如储氢和电池技术等。中国偏远地区经济快速发展的需求意味着应着重开发现有的配电系统，而不是那些需要建立额外配电系统的技术。电力分配的普遍性通常高于石油产品的输送，这使得中国轻型电动车拥有较大的优势。

中国的主要产品开发更接近市场，集中在电池成本、性能和电机技术等方面，重点是开发整车及相关牵引控制系统和制动控制系统。在英国，资助的应用研究范围较广，包括飞轮机械储能的复合磁铁技术、电池与车辆管理系统，以及低成本压缩储氢系统等。

2. 市场机遇

目前中国电动车的市场规模很大。电动自行车年销量约 200 万辆。最高时速可达 60 千米、行驶里程可达 80 千米的双座超轻型车辆每年的市场增量大约为 10 万辆。这些车辆使用铅酸电池，强调节省成本。最大行驶里程 200 千米的电动车市场规模较小，这些车使用锂离子电池，政府补贴后的成本为 20 000~30 000 英镑，电池重量约为 300 千克。高性能电动车还只是一种奢侈品或仅供研究之用。电动车在城市公交、特种车辆等领域有很多示范机遇。

英国目前的电动车市场规模有限，但未来五年每年有望增加数千辆，这包括所有纯电动车及插电式混合动力车。电动汽车是英国长期能源战略的重要组成部分，该战略将改造能源体系以适应不断变化的能源市场，减少温室气体排放，到 2050 年使能源消费量在 1990 年水平上减少 20%。英国政府的政策重点是车辆的行驶里程与性能，目标是使在英国范围内的行程的绝大部分可以仅用电力完成（与此并行的目标是在 2030 年后的 10 年内，将发电的二氧化碳排放强度降低一个数量级）。实际上这意味着通过前期补贴和"充电场所"等公共充电基础设施的投资来创造一个电动汽车市场。

3. 存在合作机遇的储能技术项目

研讨会讨论了中英两国的储能示范项目，这些项目旨在探索与研究和产业相连接的先导模式，有时采用的是一种创新的方式。

中国储能项目不断成长，效果显著。2010 年上海世博会示范项目，现在已经发展成一系列区域性储能技术选择方案，可以利用各种类型的电池（表 1、表 2），其重点是技术示范而不是经济模式。一些高密度储能技术目前正处于示范阶段，可能会引起工作场所或公众安全问题，这需要制定相应的标准与规则。关键问题大多与本报告前面提到的三个问题有关：需要多大规模的储能？需要使用哪些技术？这些技术应该部署到哪儿？贸易协会和行业利益集团在这个领域可以进行更好的部署，使科技更好地跟商业因素挂钩。

表 1 中国已有储能示范项目

技术名称	技术参数	示范地点
全钒液流储能电池	2 千瓦/10 千瓦时；寿命测试系统	辽宁大连
	100 千瓦/200 千瓦时；供应于国家电网的电力接入测试系统	北京
	5 千瓦/50 千瓦时；离网光伏 – 液流储能电池联合供电系统	西藏
	60 千瓦/300 千瓦时；融科公司光伏 – 液流储能电池集成建筑	辽宁大连
	3.5 千瓦/54 千瓦时；中国移动公司和联通公司的通讯基站用光伏 – 液流储能电池联合供电系统	辽宁大连
	80 千瓦/160 千瓦时；供应于国家电网的电力连接测试系统	北京
	500 千瓦/1000 千瓦时；电力连接测试系统	辽宁大连

技术名称	技术参数	示范地点
大容量钠硫电池储能技术	（1）上海电气风光储系统，100千瓦/800千瓦时；建成时间2013年12月； （2）上海嘉定绿色节能建筑系统储能，100千瓦/800千瓦时；建成时间2014年6月； （3）上海崇明岛风光储系统，2兆瓦/16兆瓦时；建成时间2014年10月； （4）上海虹桥商务区变电站储能系统，2兆瓦/16兆瓦时；建成时间2014年6月	上海
先进大规模压缩空气储能系统	功率：1.5兆瓦 压力：70-200巴 储能密度：50-200千瓦时/米³ 效率：50%~65%	河北廊坊
超导储能系统	1兆焦/0.5兆伏安超导储能系统是目前世界上并网运行的第一套高温超导储能系统	甘肃省白银市

表2 中国规划中的储能示范项目

技术名称	技术参数	示范地点	完成日期
全钒液流储能电池	10千瓦/100千瓦时，为独立蛇岛供电的离网光伏-液流储能电池系统	辽宁大连	2011.8
	60千瓦/600千瓦时，平衡负载型电动车充电站用液流储能电池系统	辽宁大连	2011.8
	60千瓦/600千瓦时，供应于金凤科技公司智能电网研究系统	北京	2011.10
	将安装于50兆瓦风场中用于平滑风电输出	辽宁阜新	2012

英国也有一些示范项目（表3、表4），这些项目通常规模较小，涵盖了电网与交通活动的相关领域。

表3 英国当前正在运行的储能示范项目

序号	所有者/运营者	装机年份	技术参数	示范地点	联系人	备注
1	SSE①	2010年	锌溴液流电池 150千瓦时（制造商：Premium Power）	奈恩变电站	David MacLeman David.MacLeman@sse.com	锌溴技术与现有铅酸系统的比较
2	SSE②	2011年	1兆瓦，6兆瓦时钠硫电池（供应商：S&C Electric，制造商：NGK）	设得兰群岛勒威克电站	David MacLeman David.MacLeman@sse.com	频率支持和日常调峰
3	SSE	2011年	4兆瓦/135兆瓦时蓄热罐	设得兰群岛	David MacLeman David.MacLeman@sse.com	储存剩余风电
4	Highview储能公司③ Highview Power Storage	2010年	300千瓦，4兆瓦时低温储能 （供应商：Highview Power Systems）	斯劳	Toby Peters toby.peters@highview-power.com	调峰/储能示范项目
5	英国能源网络④ UK Power Networks	2010年	200千瓦时锂离子电池（600千瓦峰值） 供应商：ABB/SAFT	赫姆斯比、诺福克	Peter Lang peter.lang@ukpowernetworks.co.uk	配电电压支持示范项目
6	EFDA/JET⑤		飞轮储能 2×400兆瓦峰值，3750兆焦	卡拉姆	Alan Parkin	

① http://www.sse.com/PressReleases2008/PremiumPowerCorporationInvestment/
② http://www.sse.com/Lerwick/ProjectInformation/
③ www.highview-power.com/wordpress/?page_id=1320
④ www.ukpowernetworks.co.uk/
⑤ www.jet.efda.org/focus-on/jets-flywheels/flywheel-generators/

表4 英国规划中的电力储能示范项目

序号	所有者/运营者	技术参数	示范地点
1	CE Electric	低碳网络基金对比项目，规模范围在 2.5 兆伏安 5 兆瓦时到 50 千伏安 100 千瓦时之间	英格兰东北部
2	SSE	北部岛屿储能园区，低碳网络基金项目	设得兰群岛
3	ETI[①]	500 千瓦~1500 千瓦储能示范项目	米德兰
4	WPD	低碳网络基金项目，智能电网应用中的储能项目	布里斯托尔
5	SSE	低碳网络基金项目中的锂电池开发项目	泰晤士河谷

不包括大型抽水蓄能和仅用于不间断供电的项目，部分具有商业敏感性项目亦不在此列
① www.eti.co.uk/news/article/eti_invest_14m_in_energy_storage_breakthrough_with_isentropic

无论中国还是英国，储热系统都是研究工作的重点之一。这虽然不是研讨会的主要重点，但其重要性不应被忽略，事实上，研讨会后在这方面已产生了一些活动。

4. 中英两国的合作机会

尽管中英两国在储能技术方面的研究存在结构化差异，但具体发展目标非常相似。不同方式与相似目标的结合意味着存在着许多潜在的合作机会，其中一些如下所述。

电网领域储能技术的合作机会包括：储能的经济与环境评估全系统分析；寿命和全系统方法的技术路线图；可突破现行方案高成本问题的自下而上的变革性研究；寿命更长的储能系统；新技术示范；基础前沿科学。

在交通领域，电池技术的研究是最重要的，可以开展合作的领域包括：综合能源—运输系统分析；高能量密度储能设备的安全性与设计；具有不同成本与供应链特性的替代材料；快速深度充电过程；电池与电池材料回收；电池单元与组件制造技术开发；电机与混合动力技术。

示范地点与示范城市也提供了合作机会。与会者指出了在系统规范与示范地点实施方面存在着大量不确定性和风险。解决这些不确定性的潜在合作领域包括：全系统分析（英国具有特别的优势）；解决大范围储能设备的效率、寿命和成本问题的前沿科学；中国与英国不同基础设施的业务与流程建模；系统分析与集成储能设备服务的选择方案评价；管理与所有权的探索。

三、建　议

研讨会成员指出，储能技术的运行及其嵌入到供应网络中的经济价值、战略价值和环境价值尚未得到充分了解。这可能导致创建的供应和管理系统出现不经济和

不合适的风险。研讨会成员建议采取如下两方面措施来解决这些不确定性问题。

一是需要开展储能经济和环境因素影响的全面、多因素系统分析。为吸引持续的财政投入和政策支持，两国非常有必要各自制定一份技术和工程路线图，在各种储能技术的生命周期内采用全面的系统方案，同时考虑两国在需求规模上的差异、能源体系成熟度的不同，以及法律和规范框架的差别。

二是作为这一高层次自上而下方案的补充，需要开展一个自下而上的变革性研究计划，以突破目前储能技术方案的高成本问题。如果有必要可采用创新的商业模式进行全生命周期价值评估和税收征管。这将解决储能系统的寿命和有效性问题。计划还应包括示范项目、生产和制造研究，以及基础前沿科学和工程研究。

中英两国发展储能技术的关键因素包括：严格的系统和服务分析，以探索适用于个人、地区和工业规模应用的储能设备选择方案及其价值的商业模式；针对电动车和电池技术的地区（城市）示范项目；完整的智能网络经济和技术建模及其发展；鼓励发展新一代储能材料、技术和先进或创新的制造方法，大幅降低成本；能源体系的监督和运行管理；公共安全以及储能材料的安全高效回收利用。

本报告为政府、城市管理部门、资助机构和工业伙伴提出的具体建议如下所示。

1）发展更强大的可监测整个系统运行情况的系统分析和建模能力。应使其能够进行多维空间和时间尺度和多层面（技术－社会－经济）分析，以了解储能技术应用的选择方案和市场机遇。这是制订储能技术未来部署政策的先决条件。

2）加快储能技术的部署。可以通过加强示范项目的可预见性、项目设计和产出来实现，包括整体经济成本和效益等。有建议提出可制作一份显示储能示范项目细节的地理目录（如电池区、超级电容器区、压缩空气储能区、地下蓄热区、储热区、低温／相变工艺区、燃料电池区、飞轮区、抽水蓄能区等）。

3）确定储能系统和相关基础设施的资助途径，包括商业和管理模式范例。需要注意的是，在此领域与工程技术和服务部门相关的新业务很有可能具有显著的经济效益。

4）积极鼓励在选定的前沿工程科学领域开展合作研究，包括：储热新材料，液流电池的设计、制造与运行测试，低品位热能／冷能的储存方法，改进型锂离子电池和其他先进电池材料，液化气体低温储存，储能管理与电力电子技术，汽车混合动力技术、集成技术及热电调峰管理等。关注有可能在降低储能技术成本、增强其可靠性或改善其安全性方面产生突破性成果的研究。

5）通过奖金、奖励和奖学金等形式认可和促进储能技术创新。特别应该鼓励和支持跨国团队在此领域开展研究。国立科研院所可通过推动开展学术讲座、讨论、交流等活动做出贡献，并且可通过召开年度研讨会的方式来共享示范项目的最佳实践和结果。

6）建立中英高层指导小组制定根据上述建议的下一步合作行动。这一小组还将包括认识到储能能为大小企业带来新兴和重大商业机遇的商界领袖。

四、研讨会后续行动

研讨会后，中英两国众多储能技术利益相关方已经采取了具体行动或发布了相关报告，以响应前文提出的关键建议。到目前为止开展的活动范例如下所示。

1）储能资助者圆桌会议——讨论英国储能系统的实施与资助情况（英国能源研究合作论坛）[1]。

2）《英国的储能途径》报告重点描绘了英国储能系统现状和实施障碍（英国低碳未来中心）[2]。

3）《英国低碳能源未来》报告中的储能系统作用与价值的战略性评估（报告由伦敦帝国理工学院 Goran Strbac 教授领导的碳信托基金展开研究，由伦敦帝国理工学院能源未来实验室发布）[3]。

4）电网储能系统分析与技术开发"大挑战"竞争性资助，为英国研究人员及新设立的路线图奖学金提供资助（英国工程与自然科学研究理事会）[4]。

5）《未来储能挑战》报告（英国能源研究合作论坛）[5]。

6）《储能技术》期刊创刊（中国科学院）。

7）国际储能大会（2012年6月），专注于中国储能相关材料和领导能力的发展与需求（中国科学院）。

8）英国外交和联邦事务部的中国繁荣战略项目基金（China Prosperity Strategic Programme Fund，SPF），为低碳气候变化主题下的中国储能项目提供支持[6]。

9）SUPERGEN 会议以及与氢能技术相关的新的开发计划[7]。

10）新近成立了低碳创新与协调组，进行相关开发项目招标（英国能源技术研究所）。

11）英国低碳未来中心、利兹大学及中国科学院过程工程研究所成立联合研究中心，合作开发下一代储能系统[8]。

（本文选自 2012 年咨询报告）

[1] www.energyresearchpartnership.org.uk.
[2] www.lowcarbonfutures.org.
[3] http://www.carbontrust.com/resources/reports/technology/energy–storage–systems–strategic–assessment–role–and–value.
[4] http://www.epsrc.ac.uk/ourportfolio/researchareas/Pages/energystorage.aspx.
[5] http://www.energyresearchpartnership.org.uk/dl291.
[6] http://ukinchina.fco.gov.uk/en/about–us/working–with–china/ProsperitySPF.
[7] www.supergen14.org.
[8] http://www.leeds.ac.uk/news/article/3266/university_of_leeds_and_chinese_academy_of_sciences_join_forces.

报告主编

Richard Williams	英国皇家工程院院士	英国伯明翰大学
李静海	中国科学院院士	中国科学院
	英国皇家工程院院士	

以下人员对报告的撰写提供了协助

Andrew Haslett	英国皇家工程院院士	英国能源技术研究所
Brian Collins	英国皇家工程院院士	英国伦敦大学学院
Nigel Brandon	英国皇家工程院院士	伦敦帝国理工学院
Nick Winser	英国皇家工程院院士	英国国家电网公司
丁玉龙	教 授	英国利兹大学
陈立泉	中国工程院院士	中国科学院物理研究所
来小康	研究员	中国电力科学研究院
张华民	研究员	中国科学院大连化学物理研究所
温兆银	研究员	中国科学院上海硅酸盐研究所
Jonathan Radcliffe		英国能源研究合作组织

本报告得到以下人员的支持

| Shane McHugh | 英国皇家工程院国际事务负责人 |
| Shafiq Ahmed | 博士英国皇家工程院国际经理 |

污水污泥综合利用中的新材料与新技术发展和对策研究

周 远 等

我国是一个水资源短缺的国家。2008年水利部发布的水资源公报统计显示，我国年水资源总量，包括地表水和地下水之和，为2.7万亿米³，居世界第六位；但是人均占有量很少，人均水资源量仅为2220米³，为世界人均水平的1/4，是世界上13个缺水严重的国家之一。预计到21世纪中叶我国人口达到16亿高峰时，人均水资源量将下降到1760米³，将接近用水紧张国家的边缘，华北、西北大部分干旱、半干旱地区的人均水资源量届时将会远低于联合国给出的1700米³警戒线；而且我国可利用的水资源严重不足，多年平均淡水资源折合降水量约为648毫米，低于全球平均水平（约800毫米），单位耕地面积水资源量仅为世界平均水平的1/2。与此同时，随着城市化和工业化的快速推进，污水污泥的排放量迅速增加。2010年2月9日发布的《第一次全国污染源普查公报》显示，2007年全国废水中化学需氧量为3028.96万吨，仅次于工业固体废弃物和废气。2005~2009年这5年内，全国废水排放总量分别为524.5亿吨、536.8亿吨、556.8亿吨、571.7亿吨和589.2亿吨；每年污泥排放总量达900万吨，干污泥为550万~600万吨，但污泥的处置率不到20%。由于污水污泥不合理排放导致我国水污染情况非常严重：主要河流有机污染普遍，主要湖泊富营养化严重，流经城市河段普遍受到污染，近岸海域亦受到一定污染。据2008年度中国环境状况公报统计，在七大水系的408个地表水监测断面中，只有55.0%的断面满足国家标准规定的I~Ⅲ类水质要求，劣Ⅴ类水质占到20.8%；28个重点湖泊、水库中满足I~Ⅲ类水质要求的仅有6个，劣Ⅴ类却有11个。

传统的污水处理方法如活性污泥法及其派生的改进工艺厌氧-缺氧-好氧等技术面临着巨大的挑战：一是投资大，2008年的污水处理投入已高达257.4亿元；二是能耗高，污水处理耗电占全国年耗电量的2%左右；三是二次污染严重，除污水处理加入化学药剂产生的后果以外，还因为污泥有80%都没有妥善处理，大量重金属、病毒、寄生虫卵、焚烧产生的二噁英等又通过雨水地下渗透及空气扩散再次污染环境；四是占地面积大、运行成本高、反应时间长等。另外，由于中小型企业环境意识淡薄，而行政部门管理薄弱，执法力度不够，厂家为了逃避购买、安装污水处理设施和降低运行成本，直排或偷排大量污水，给环境造成更大危害。

我国目前对污泥的处理处置手段和方法比较简单，农用约占44.8%，陆地填埋约占31%，其他处置约占10.5%，另有大约13.7%的城市污泥未经任何处理便重新回到自然界中。填埋或弃置的污泥并没有进行无害化处理，污泥的二次污染问题就极为严重；高含水率污泥的大量填埋导致宝贵的土地资源被占用，以至许多城市找不到填埋场。污泥渗滤液在许多地区成为地下水的污染源，填埋场成了蚊虫滋生地，产生的大量填埋气（甲烷）成为大气的污染源，其温室效应为二氧化碳的数十倍。

此外，目前污泥传统处理技术的能耗比较高，例如，如果采用热能蒸发方法将1吨80%含水率污泥脱成75%，需消耗25千克煤或18.3米^{3}天然气，因此急需发展新的节能技术和设备。

针对上述问题，咨询项目组对我国污水污泥排放和处理现状进行了调研分析，提出如下总体建议：在污水污泥处理方面，对于新建污水处理厂要合理设计规划，加大建设前期调查力度，合理预测污水量变化，选择合适的污水处理工艺和规模；对已建立的污水处理厂工艺或设备进行改进和优化，采用高效单元装置；积极开展和推进污水污泥处理新方法、新技术和新材料研究及产业化，实现符合我国国情、低耗能、低成本且无二次污染的污水污泥处理技术的发展目标。在污水污泥综合利用方面，污水污泥处理过程中除了利用污水热能和污泥化学能以达到废物循环利用和治理环境污染的双重目标外，还可考虑处理过程与其他新能源利用方式组合，因地制宜，尽可能合理利用能源和资源以降低运行成本。对于污水污泥处理新方法、新技术和新材料的具体建议如下所示。

1. 推进超导磁分离污水技术的研究与产业化

超导磁分离污水处理技术是一种新型的污水处理技术，它与传统的污水处理方法相比，具有高效、低能耗、占地面积小，特别是不产生二次污染等优点。其基本原理是先在污水中加入经表面改性处理的磁种，使本身无磁性的有害物质通过氢键、范德瓦耳斯力等方式与磁种结合，生成絮团，再经磁分离器，絮团在磁场作用下被吸附后除去，实现净化。超导磁分离处理污水技术，可认为是继超导磁体在医用核磁谱仪、矿物磁性杂质分离领域成功应用后，又一项有希望实现工业应用的新技术，在电镀废水、化工废水、石油采出水等处理方面具有很好的应用前景。

2. 推进天然纤维素纤维吸附处理污水技术研究与产业化

重金属是造成水体污染的一类有毒物质，微量的重金属即可产生毒性效应，重金属对人体健康的危害是多方面、多层次的。我国是一个农业大国，麦秸秆是一种年产量非常高的农业废料，在我国每年仅麦秸秆产量就达 6 亿吨，通常情况下，大多数麦秸秆都以焚烧的方式被处理掉，或者直接被丢弃慢慢分解，这样不仅浪费了资源，又污染了环境，因此合理利用农业废弃物资源具有非常重要的意义。采用天然纤维素吸附技术，以这些天然纤维素纤维作为原料，通过将其表面改性用于污水处理，该技术主要着眼于稻草壳、秸秆等原料合成新型离子吸附剂。该种新型吸附分离材料，具有高效、选择性吸附水中各种阴离子、阳离子污染物，如可以有效地选择性吸附水中的氟离子、砷酸根、亚砷酸根等阴离子，以及重金属阳离子等污染物。该技术的优点是多方面的，除了原料来源丰富、成本低、分离技术简单，还有选择性大、投药量小、安全无毒、可以完全生物降解、无二次污染、不受 pH 变化影响等优点；另外，改性纤维素类吸附剂自然降解性好，符合环保要求。

3. 推进机械蒸汽再压缩节能废水处理技术的研究与产业化

机械蒸汽再压缩（mechanical vapor recompression，MVR）是利用水蒸气压缩机将蒸发器中废水蒸发产生的水蒸气加压加温，然后作为废水蒸发的热源，而高温高压水蒸气经冷凝成为净化水回收利用。在该过程中进入系统的是废水，出来的是净化水和浓缩液体；浓缩液体经过结晶器进一步蒸发实现混合盐的结晶；结晶盐可作为固体废料填埋，但更多的是全部分类回收利用，实现系统的完全零排放。

机械蒸汽再压缩技术，系统热效率高，比能耗低，蒸发 1 吨水的能耗大约是传统蒸发器的 1/6~1/5；运行成本大大降低，只有传统蒸发器的 1/3~1/2；占地面积小。另外，该技术完全摆脱了对蒸汽锅炉的依赖，只要有电就能使用，不需要蒸汽、锅炉、煤和冷却水，减少了 SO_2、CO_2 的排放，减少了粉尘和固体废渣的排放。机械蒸汽再压缩技术目前广泛应用于溶液的蒸发工艺过程中，如化工、轻工、食品、制药、海水淡化、污水处理等工业生产领域。

4. 推进温室型太阳能污泥干燥的研究与产业化

传统的污泥干燥机使用电热或蒸汽等高品位能源加热（包括目前进口的污泥干燥机在内），需要消耗大量能源，增加碳排放；该技术干燥温度高，与环境温差大，排气温度高，导致能源利用效率低。而太阳能是清洁可再生能源，太阳能光热利用是目前有效利用太阳能的一个重要方向。温室型太阳能污泥干化是指利用太阳能为主对污泥进行干化处理，该工艺借助传统温室干燥技术，结合当代自动化技术的发展，将其应用于污泥处理领域，主要目的是利用太阳能作为污泥干化的主要能量来源，是污泥干化的一个低能耗路线。

温室型太阳能污泥干燥技术能耗小，运行管理费用低（在无附加除臭系统的条件下，蒸发1吨水耗电量仅为25~30千瓦时，而传统的热干化技术需耗电800~1060千瓦时）；处理后污泥体积减小到原体积的1/5~1/3，实现稳定化并仍保留其原有的农业再利用价值；系统运行稳定安全，温度低，灰尘产生量小；操作维护简单、使用寿命长；系统透明程度高，环境协调性好；可同时解决污泥存储的需要；利用可再生能源太阳能作为主要能源来源，满足可持续发展的需求。

5. 促进学术交流，制定战略及规划.

建议科技部和环保部定期组织举办污水污泥处理的全国性研讨会，进行学术交流，并制定相应的近期、中期规划的目标，另外，在科研课题的列项上应该部署具体战略和规划。

（本文选自2012年咨询报告）

咨询组成员名单

周 远	中国科学院院士	中国科学院理化技术研究所
师昌绪	中国科学院院士	国家自然科学基金委员会
李依依	中国科学院院士	中国科学院金属研究所
徐建中	中国科学院院士	中国科学院工程热物理研究所
蔡睿贤	中国科学院院士	中国科学院工程热物理研究所
过增元	中国科学院院士	清华大学
曲久辉	中国工程院院士	中国科学院生态环境研究中心
薛其坤	中国科学院院士	清华大学
范守善	中国科学院院士	清华大学
全 燮	教 授	大连理工大学
刘文君	教 授	清华大学
贾立敏	研究员	北京市环境保护科学研究院
刘 正	高级工程师	北京化工研究院
唐大伟	研究员	中国科学院工程热物理研究所
黄 勇	研究员	中国科学院理化技术研究所
尹 华	教 授	暨南大学
吴飞鹏	研究员	中国科学院理化技术研究所
王秋良	研究员	中国科学院电工研究所
李来风	研究员	中国科学院理化技术研究所

抓住有利时机，加速煤电体制与机制改革

周孝信　等

一、研究背景与意义

电力是支撑国民经济和社会发展的重要能源行业和基础产业。能否实现电力供需的可持续发展，将影响国家能源战略安全、国民经济持续平稳增长和居民日常生活等各个方面。2011 年，我国多个省份出现了严重的电力紧缺现象，发生了严重的"电荒"现象，凸显了我国电力供需存在的体制、机制、政策等方面的矛盾。进入 2012 年，特别是 5 月份以来，国内用电需求低迷，国内煤价出现大幅下跌，电力供需形势相对去年同期明显缓和。深入剖析 2011 年"电荒"的特点和成因，抓住当前煤炭供大于求的有利条件，把握机遇，推进煤电体制与机制改革，对确保未来能源电力的可持续发展，避免电力供需平衡的大起大落具有重要意义。

二、2011 年"电荒"情景与原因分析

| （一）情 景 分 析 |

1. 缺装机性"电荒"还是缺煤性"电荒"

2011 年，全国发电设备平均利用小时数较上年并未明显增加，说明全国范围内电力装机大体充足，但缺煤缺水导致发电设备利用率不高；而东部缺电省份的火电利用小时数已经远高于 2010 年同期，说明东部地区的"电荒"同时伴有缺装机的特征。

2. 地区性"电荒"还是全国性"电荒"

2011 年，全国共 24 个省份在不同时段出现电力缺口，而其他省份基本未受影响。

3. 暂时性"电荒"还是持续性"电荒"

近年的"电荒"集中表现为机组闲置的"软缺电",但从远期来看,装机不足的"硬缺电"威胁依然存在。据报道,我国火电投资连续6年同比减少;2011年的火电投资仅为2005年的46.4%。这不仅使电源结构的支撑性调节性作用下降,而且使电力供应的可持续能力令人担忧。

|(二)原 因 剖 析|

1. 粗放型经济发展方式是引起"电荒"的主要原因

(1)用电需求的快速增长

一是我国正处于重化工业化经济发展阶段。2002年之后,中国经济发展的重化工业倾向日益明显。重化工业行业对煤、电、油、运的需求极为庞大,单位产值能耗约为轻工业的4倍,其快速发展必然导致我国能源资源的全面紧张。

二是"电荒"省份电力需求始料未及的快速增长。在2011年全国用电量平稳较快增长的大环境下,江西、陕西、重庆等缺电省份虽然通过推行有序用电方案控制、削减部分电力负荷,但其用电量增速仍高出全国平均水平2个百分点以上。电力需求的过快增长是这些省份缺电的重要原因。

三是"十一五"规划压抑高耗能产能的集中释放。迫于"十一五"规划节能减排达标压力而受到抑制的高耗能产业产能在2011年集中释放:化工、建材、冶金、有色四大重点行业的合计用电量同比增长12.7%,占全社会用电量的32.7%,成为带动全社会用电量增长的主要动力。

(2)粗放型经济发展方式

当前工业化和城镇化发展阶段、我国的资源禀赋和全球分工、经济体制和运行机制的缺陷等因素共同导致了以高能耗、高污染、高投资等为特征的粗放型经济发展方式。据统计,我国单位GDP能耗是世界平均水平的2.5倍。粗放的经济发展方式对资源、能源的过度索取与有限的电力供给增长之间的矛盾是导致"电荒"的根本原因。

2. 高昂的煤炭价格与运输费用是影响"电荒"的重要因素

(1)"双轨制"与高企的电煤价格

近年来,煤炭行业集中度的提高、生产成本的增加和高耗能产业对煤炭的旺盛需求共同推动了煤价上涨。2011年，发热量5500大卡^①市场动力煤的平均价格每千瓦时在10月底涨至853元/吨（图1）；相对于2003年年底的275元/吨，累计涨幅超过200%。

我国电煤交易执行价格"双轨制"，由重点合同和市场采购两部分组成，合同电煤保障率仅为约40%。由于合同电煤价格长期低于市场煤，煤炭产地及企业多不愿执行重点电煤合同。发电集团被迫直接进入市场购煤，因此电煤价格的高企大大增加了火电企业的成本。

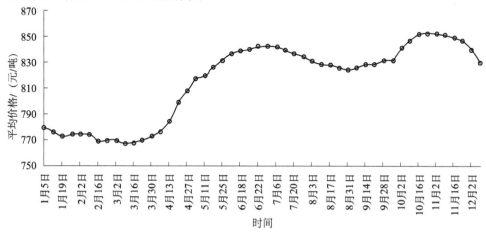

图1 2011年发热量5500千卡市场动力煤环渤海地区港口平仓平均价格

（2）电煤的运输瓶颈与高昂的物流费用

我国煤炭资源富集区与主要能源消费区逆向分布的特点决定了煤炭远距离运输的格局；而煤炭跨区铁路输送能力与实际需求还有很大差距，以致部分贫煤省份连年电煤短缺。此外，高昂的煤炭物流费用也令发电企业望而却步。在铁路运输的繁多的中间环节、大量的投机套利行为、较低的市场化程度等因素共同作用下，不少地区电煤的物流成本已达其终端售价的50%以上。

3.电煤的产能与供应不足直接导致了"电荒"的发生

一方面，自2009年的煤炭资源整合、煤矿安全整顿起，全国大量中小煤矿被关停，煤炭有效产能大量被抑制；另一方面，电煤交易的市场机制不完备，煤价上涨不能有效促进电煤产量的提高。近年来，我国煤炭产量增速总体上落后于全国发电量的增速（图2）。电煤的产能与供应不足，既对煤价上涨起到了推波助澜的作用，又直接限制了下游火电行业的原料供给。

---

① 1大卡=1000卡=4184焦。

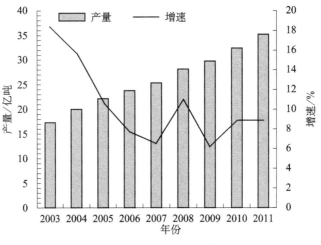

图 2　2003~2011 年全国原煤产量

4. 电价机制的不合理是造成"电荒"的制度性缺陷

1）当前的销售电价不能反映电能供求关系。我国对终端销售电价实行目录电价制度，并未考虑电能的供求关系，不能使消费者意识到电能的紧缺程度，不能有效引导用户合理用电。

2）当前的销售电价难以反映电能供给的外部成本。据分析，我国煤电链的外部成本高达 0.38 元 / 千瓦时，已接近发电成本。但巨大的外部成本并未被计入电价之中，电能生产、消费对环境和社会的破坏并未得到体现，用户不能在价格信号的激励下节约用电、减少电力生产对环境的污染。

5. "市场煤、计划电"是产生"电荒"的体制性缺陷

当前的"市场煤、计划电"的体制存在诸多弊端：难以有效反映资源稀缺程度与环境成本，及时疏导来自上游的成本压力；不能反映电能供求关系，引导电源投资和用户节约、有序用电。为了疏导煤价上涨的成本，2004 年年末，国家发展和改革委员会颁布了与煤价联动的电价调整机制。但受制于政府、煤炭企业、发电企业、物流部门之间的信息不对称，以及中央政府上调电价的举措在地方受阻等因素，煤电"联动"政策执行不力：电价迄今整体涨幅不到 40%，同期煤价上涨却超过 180%。发电企业剧增的成本得不到疏导，火电企业陷入持续亏损的境地，严重影响了其发电的积极性，致使机组大面积"检修"。火电机组的电力供应能力下降，直接导致了"电荒"的发生。

6. 结构性装机不足威胁着远期电力供应安全

一方面，近几年新增电源的机组类型结构不均衡。联而不动的煤电价格传导

机制极大地抑制了发电集团投资火电的积极性，导致近年来我国火电新增装机规模不断减小，电源结构支撑性下降，国家中长期电力供应安全受到威胁。另一方面，近几年新增电源的地区结构不均衡。新增装机容量逐步向西部地区转移，东部地区发电装机增速下降，而电网建设没有同步跟上，导致全国跨区资源优化配置能力严重受限。东部地区火电利用小时数持续攀升，"硬缺电"迹象已开始显现。

三、解决思路与政策建议

1. 应在近期重点推行的措施

2012 年以来，我国煤价持续低迷，近期更出现大幅下跌；"煤强电弱"的煤电竞争格局已经改变，能源体制与机制改革迎来了难得良机。应抓住这一有利时机，以最小的改革成本，加快推进治理"电荒"的各项措施，特提出以下应在近期重点推行的措施。

1）取消煤炭价格"双轨制"。经过近期的煤价暴跌，市场煤的价格与重点电煤的价格趋近。应抓住当前的有利时机，取消煤炭价格的"双轨制"，取消煤炭的计划指标和审批定价，建立全国统一的煤炭交易市场。

2）推进煤电价格联动，理顺煤电价格关系。应利用当前的煤价低迷时期，落实、巩固煤电联动政策，在保障发电企业扭亏变盈的前提下，及时下调电价。改变电价只涨不跌的现状，确保煤电联动机制对电力行业与消费者的对称性。

3）鼓励煤电联营，推行煤电一体化战略。应制定煤电联营的激励政策：对有煤炭企业产权的火电企业优先审批新项目；对有火电企业产权的煤炭企业优先审批新的煤炭开采项目。应合理规划矿区、电厂布局，加强坑口电厂建设。

4）实施从价定率的煤炭资源税收方式。当前煤价的走低给煤炭资源税改革提供了空间。应在资源税费合并、费改税的基础上，将煤炭资源税由目前的"从量征收"改为"从价征收"，并提高资源税费标准。

5）推进电源投资主体的多元化。随着发电企业业绩回暖，电源投资的热情将逐渐升温。国家应营造有利于各类投资主体公平、有序竞争的市场环境，鼓励各类资本，尤其是民间资本进入发电行业，为全面推进电力市场化改革奠定基础。

6）实现电力供求平衡的市场化。应循序渐进、积极稳妥地开放用电市场。对需求刚性和关系到社会稳定的负荷仍然采用计划的方式；对工业和商业的大用户，采用部分电量竞争的方式，并逐步增加竞争的比例。

应推进大用户与发电企业直接交易。在建立独立的输配电价格机制的前提下，应构建大用户与发电企业的场内和场外交易的平台；组织供需双方进行撮合交易，形成竞争性的价格。近期煤价的下跌给发电企业留出了竞价的空间，也为开展大用户与发电企业直接交易创造了有利条件。

2. 综合改革措施

建议采取以下综合改革措施。

1）成立能源监管委员会。政府应建立统一、独立的能源监管体系，成立能源监管委员会，监管包括煤炭、电力在内的关乎国计民生的重要能源的规划、生产、流通、消费、价格等方方面面。

2）建立煤电运监控与预警系统。能源监管委员会应建立能够全面反映煤炭供给能力和市场价格、铁路运力和运费、水路运力和运费、电煤流通跟踪，以及电能供求关系的综合监控与预警指标体系，构建煤电运监控与预警公共信息平台与系统。

3）建立煤炭产权分配的竞争市场，从源头上控制煤价。应建立煤炭产权分配的竞争市场，制订市场准入门槛，采取价低者中标。通过产权竞争形成合理的初始价格；未来的价格是浮动的，将根据生产要素的价格波动，在初始价格的基础上，形成现货价格。在这种方式下，竞争者为了获得产权，将降低对未来的收益预期；这种方式将弱化供求关系对价格的影响，降低政府的监管成本。应对煤炭生产企业因煤炭价格超过政府指导价格所获得的超额收入按比例征收"超额利润税"，实行超额累进从价定率计征。煤炭"超额利润税"应归中央政府统一使用，用于支持新能源和节能环保产业的发展；在必要的时候，可用于减少销售电价中政府基金。

4）推进电价机制改革。应推行分时电价，根据电网的负荷变化情况对各时段分别制定不同的电价，以反映不同时间的电力供求关系；应推行居民阶梯电价，制定每月每户用电基准用量，将用户每月用电量超出基准用量的部分从最低到高阶梯式分段，不同段别设有由低到高的额外收费单价。

（本文选自 2012 年咨询报告）

咨询组成员名单

周孝信	中国科学院院士	中国电力科学研究院
卢　强	中国科学院院士	清华大学
程时杰	中国科学院院士	华中科技大学
王锡凡	中国科学院院士	西安交通大学
夏　清	教　授	清华大学
胡兆光	教　授	国网能源研究院
李柏青	教授级高级工程师	中国电力科学研究院
张粒子	教　授	华北电力大学
申　洪	高级工程师	中国电力科学研究院
刘应梅	高级工程师	中国电力科学研究院
陈启鑫	助理研究员	清华大学
方　陈	博　士	清华大学
陈思捷	博士生	清华大学
韩新阳	高级工程师	国网能源研究院
谭显乐	博　士	国网能源研究院

迎接能源革命挑战，发展新一代电网技术

周孝信　等

一、新能源革命和电网的使命

1. 新能源革命

人类历史上经历了人工火的利用、化石能源的使用、核能的开发等三次能源革命，形成了当前以化石能源为主体的能源体系。化石能源的大量利用带来了资源枯竭、环境污染和气候变化等问题，严重威胁人类社会的持续发展。自 20 世纪 80 年代开始，以水能、太阳能、风能、生物质能、海洋能、地热能、氢能等为代表的新能源与可再生能源得到人类的关注和重视，逐渐成为世界能源体系的生力军和未来能源发展的战略方向。

进入 21 世纪后，新能源与可再生能源进入一个快速发展的时期，未来将逐渐取代化石能源成为人类的主力能源。这就是第四次能源革命——新能源革命。新能源革命的目标是建设可持续发展的未来能源体系，这是支持人类社会可持续发展的基石。

新能源革命具有两个显著特征：①电网在能源供应和输送体系中的作用将日益凸显。新能源与可再生能源大都是过程性能源，其开发、输送、储存、利用需要借助于电力为媒介。因此新能源革命将极大地影响电力系统发展，主要包括发电能源清洁化、电网对集中式和分布式的大规模新能源电力的接纳、能源消费电气化等三方面。②能源系统智能化。第三次技术革命（信息通信技术）与新能源革命相融合，将推动能源系统向智能化方向发展。

2. 第三代电网和电网的新使命

电网发展与能源发展相适应，到目前可分为"三代电网"。第一代电网是第二次世界大战前以小机组、低电压、孤立电网为特征的电网兴起阶段。第二代电网是第二次世界大战后以大机组、超高压、互联大电网为特征的电网规模化阶段，当前正处在这一阶段。第二代电网一方面严重依赖于化石能源，另一方面电网安全风险难以降低，不是可持续发展的电网模式。

第三代电网是一、二代电网在新能源革命下的传承和发展，支持大规模新能源电力，大幅降低互联大电网的安全风险，并广泛融合信息通信技术，是未来可持续发展的能源体系的重要组成部分。目前，第三代电网的研究与建设才刚刚起步，未来几十年中我国电网将从第二代电网向第三代电网过渡。

新能源革命中，第三代电网具有四个新的使命：①接收大规模集中式和分布式可再生能源电力，成为新能源电力的输送和分配网络。②实现分布式电源、储能装置、能源综合高效利用系统与电网有机融合、双向互动，提高终端能源利用效率，成为灵活、高效的智能能源网络。③具有极高的供电可靠性，基本排除大面积停电风险，成为安全、可靠的能源配置和供应系统。④与通信信息系统广泛结合，成为覆盖城乡的物联网和能源、电力、信息综合服务体系。

"智能电网"是近年兴起的新概念，已被很多国家视为推动经济发展和产业革命、应对气候变化、建立可持续发展社会的新基础和新动力。一般认为智能电网是集成了现代电力工程技术、分布式发电和储能技术、高级传感和监测控制技术、信息处理与通信技术的新型输配电系统。"智能电网"实质上是未来电网的一个重要特征，强调了智能化的趋势，并在一定程度上结合了新能源革命的特征。

国家"十二五"规划纲要提出："适应大规模跨区输电和新能源发电并网的要求，加快现代电网体系建设，进一步扩大西电东送规模，完善区域主干电网，发展特高压等大容量、高效率、远距离先进输电技术，依托信息、控制和储能等先进技术，推进智能电网建设，切实加强城乡电网建设与改造，增强电网优化配置电力能力和供电可靠性。"

我们希望结合新能源革命的需求和国内的实际情况制订相应发展规划，采取有力措施，大力发展新一代电网技术，推动我国第二代电网向第三代电网过渡，促进我国能源和电力可持续发展。

二、未来我国电力供需和电网发展模式预测

1. 未来电力需求

未来几十年是我国迈向现代化的关键时期，经济发展将从目前的高速增长逐渐进入平稳较快增长，经济发展方式从粗放型向集约型转变，经济结构实现战略性调整，区域经济协调发展，形成资源节约型、环境友好型社会。2050年我国人均 GDP 将迈入中等发达国家水平。根据人均 GDP 发展目标判断，2050年我国人均用电量可达到当前日本、韩国等新兴发达国家水平，约人均 8000千瓦时。按 15 亿人口预测 2050 年我国电力消费需求总量将达到 12 万亿千瓦

时，是 2011 年全社会用电量 4.69 万亿千瓦时的 2.56 倍，未来 40 年的年均增长率是 2.38%。

2. 未来电源总量及结构

能源国情与新能源革命相结合，将使大力发展新能源与可再生能源，建立可持续发展的洁净、高效、节约、多元、安全的现代化能源体系，成为未来几十年中我国能源发展的目标和方向。我国目前粗放的能源体系将经历一场革命性的转变，实现这一转变的关键在于贯彻能源消费总量控制的能源发展战略，实现"以科学供给满足合理需求"的能源发展模式。设定能源发展战略目标：2050 年我国非化石能源占一次能源消费的比重应达到 25%~35%。

根据能源发展目标折算，水电、风电、太阳能、核电等非化石能源电力的发电量占总发电量的比例应在 50%~70%，余下部分主要是煤电，占 30%~50%，气电将起到对一部分煤电的替代作用。

以煤电和清洁能源发电的发电量比例为指标，按能源发展与第三代电网的战略目标划分为初步达到（50：50）、基本实现（40：60）、充分完成（30：70）三种情景对 2050 年我国装机容量和电源结构进行预测。水电、核电发展目标相对明确：水电开发率达到 95%，装机容量 4.94 亿 kW，发电量 1.73 万亿千瓦时；核电按乐观预测，装机容量 4 亿千瓦，发电量 3.12 万亿千瓦时。预测结果显示，三种情景下全国总装机容量分别达 25.6 亿千瓦、28.2 亿千瓦、30.8 亿千瓦，火电装机容量分别为 12.0 亿千瓦、9.6 亿千瓦、7.2 亿千瓦，非水可再生能源发电量比重分别为 5.4%、8.3%、12.5%，电源结构如图 1、表 1、表 2 所示。

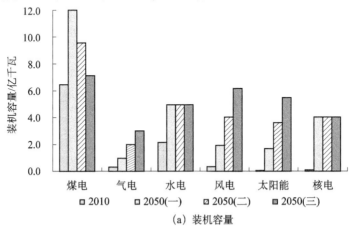

（a）装机容量

图 1　我国 2050 年电源结构预测

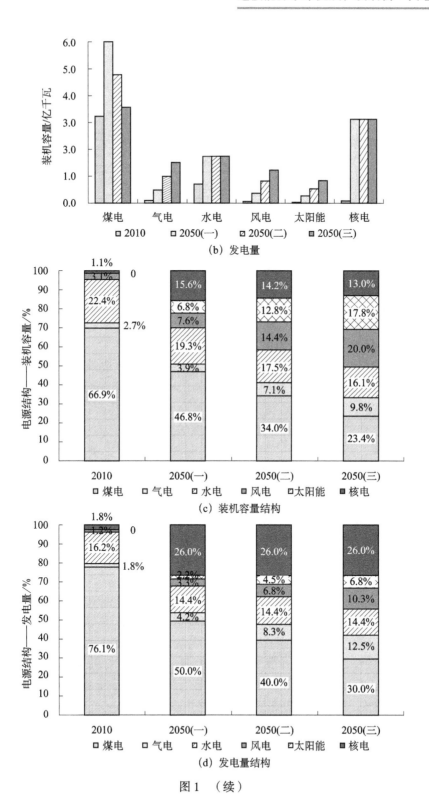

（b）发电量

（c）装机容量结构

（d）发电量结构

图 1　（续）

表 1　我国 2050 年装机容量预测　（单位：亿千瓦）

情景	煤电	气电	水电	风电	太阳能	核电	总量
2010 年	6.466	0.264	2.160	0.296	0.003	0.108	9.664
2050 年（一）	12.0	1.0	4.9	2.0	1.7	4.0	25.6
2050 年（二）	9.6	2.0	4.9	4.1	3.6	4.0	28.2
2050 年（三）	7.2	3.0	4.9	6.2	5.5	4.0	30.8

表 2　我国 2050 年发电量预测　（单位：万亿千瓦时）

情景	煤电	气电	水电	风电	太阳能	核电	总量
2010 年	3.216	0.078	0.687	0.049	0.000 26	0.075	4.228
2050 年（一）	6.0	0.5	1.7	0.4	0.3	3.1	12.0
2050 年（二）	4.8	1.0	1.7	0.8	0.5	3.1	12.0
2050 年（三）	3.6	1.5	1.7	1.2	0.8	3.1	12.0

3.　未来电力流格局

　　未来 40 年中，电力负荷将呈现从高速增长向相对缓慢增长过渡、负荷中心"西移北扩"两大特点，但总体上负荷中心仍主要分布在中东部地区。随着工业化进程及城市化进程的推进，未来我国第二产业的用电比重将不断下降，第三产业和居民用电的比重将不断上升。在珠三角、长三角、环渤海湾地区等传统负荷中心以外，将在华中、西北、东北、西南等地形成新的负荷中心。预计 2050 年中东部主要负荷中心用电量比例仍将在 75% 左右。

　　远期来看，煤电主要分布在煤炭资源丰富的西部、北部，以及中东部负荷中心，各占 50%；水电，包括大型水电基地和小水电，中东部占 20%，西部占80%，其中西南地区占 60%；风电、太阳能等非水可再生能源发电，中东部约占 50%，包括沿海风电和分布式开发，西部、北部占 50%，主要是大基地的集中式开发；核电、气电则主要分布在中东部负荷中心。以此推算 2050 年电源分布为中东部装机容量略大于西部、北部，大致比例是 55∶45。

　　假设中东部地区的电源就地消纳，西部、北部电力外送比例 50%。根据全国电力电量平衡，在三种情境下进行推算，西部、北部送中东部的电力流总容量分别为 5.90 亿千瓦、6.29 亿千瓦、6.68 亿千瓦，占总装机容量的 23.0%、22.3%、21.7%，中东部地区接受外来电电量比例为 30%、29%、28%；电力流总电量分别为 2.35 万亿千瓦时、2.23 亿千瓦时、2.10 亿千瓦时，占全国总用电量的 19.6%、18.6%、17.5%，中东部地区接受外来电电量比例为 24.4%、22.8%、21.3%。即西部、北部富余电力送中东部负荷中心的远距离电力流的输送容量约为总装机容量的 22%，输送电量约占总发电量的 19%。电力流的电力结构如图 2 所示。

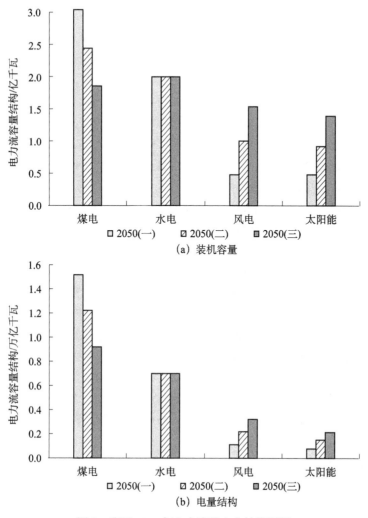

（a）装机容量

（b）电量结构

图2　我国2050年电力流的电力结构预测

因此，未来"西电东送""北电南送"的电力流格局没有改变，只是由目前以水电和煤电为主的大容量远距离外送，逐步转变为水电、煤电、大规模风电和荒漠太阳能电力并重。因此，电网的功能由纯输送电能转变为输送电能与实现各种电源相互补偿调节相结合。随着新能源与可再生能源的大力开发，我国能源资源与负荷需求之间的地域矛盾进一步加深，电网在全国范围内综合优化能源资源配置的作用得到进一步提升。

4. 未来电网发展模式

我国未来电网的总体发展模式将是国家骨干输电网与地方输配电网、微网相结合的模式。既能适应水能、风能、太阳能发电等大规模可再生能源电力，以及清洁煤电、核电等集中发电基地的电力输送、优化和间歇性功率相互补偿的需要，也能适应对分布式能源电力开放、促进微网发展、提高终端能源利用效率的需求。从电力流的预测结果来看，我国将始终存在大容量远距离输送电力的基本需求。至2050年，虽然经济和技术发展的不确定性因素较多，但可以肯定的基本趋势将是我国西部水电、西部北部超大规模荒漠太阳能电站、北部西北部大规模风电等将有很大发展，未来电网的发展必须适应这种情况。

结合新能源革命下电网发展从第二代向第三代过渡的基本趋势，未来我国电网模式主要应兼顾两个方面：一是满足大容量远距离输电的需求，二是适应大规模新能源的接入。输电网模式受电网发展模式的直接影响，必须适应以上两方面的发展要求。受经济、能源、技术等因素发展的巨大惯性影响，输电模式具体技术方案的转变将是漫长的。以20年为周期进行考虑，分为中期（2011~2030年）、远期（2031~2050年）两个阶段进行分析。从现在至2030年的中期阶段，我国电网将延续第二代电网的基本形态，电网模式仍将保持超/特高压交直流输电网模式，但规模将进一步扩大，技术性能将不断提高。从2031年到2050年的远期阶段，第三代电网的特征将逐渐显现和发展，技术发展的积累和突破对电网模式将有可能产生较大的影响，主要有两种可能的模式，即特高压交直流输电网模式、多端高压直流输电网（超导或特高压常规导体）模式，后者依赖于相关先进技术的重大突破。

未来配电系统的运行外部环境有以下几个突出特点：①大量电动汽车充放电设施将会接入配电系统；②分布式电源、储能系统与微网将会在配电系统中大规模存在；③能源消费模式将会因用户与配电系统间灵活互动机制的建立而改变；④配电系统将会成为电力、能源、信息综合服务的综合技术平台；⑤先进的信息网络、传感网络及物联网将在配电系统中广泛应用。

三、未来电网技术发展预测

1. 技术发展趋势

科学技术是应对新能源革命影响、建设和发展第三代电网的关键。新能源革命下，第三代电网除了提升电网本身性能的技术需求，还受到新能源电力发展、智能化等两方面技术发展趋势的作用，另外，一些先进的或前瞻性的电网技术也对电网发展具有巨大的潜在影响。

1）新能源电力发展。包括大型集中式和小型分布式的新能源电力接入，由于新能源与可再生能源的随机性和波动性，新能源电力的性能相比传统能源电力相差极大，给整个电力系统的调度、运行和控制带来前所未有的复杂性。

2）智能化。在信息通信技术的深度介入下，形成电力系统的"物联网"，为输电网优化电力输送的协调运行，为配电网支持分布式电源和储能的双向互动及需求侧管理，为第三代电网的安全性、可靠性、经济性和灵活性提供了新的技术可能性。

3）先进/前瞻性技术。对未来电网发展模式影响最大的三项先进/前瞻性技术是多端直流输电技术、超导输电技术和储能技术。多端直流输电技术和超导输电技术对远期输电网模式具有重大影响，是超/特高压交直流混合输电网模式的未来替代技术方案。储能技术包括抽水蓄能、电池储能、电动汽车、空气储能、飞轮储能及超导储能等，适合于不同的应用需求，成熟的储能技术对电网发展具有革命性意义。

4）电网性能提升。以上三个技术发展因素对提升电网性能既提供了新的可能性，也提出了新的问题和挑战。为适应新的技术发展形势，在远距离大容量输电等一次系统技术，以及交直流混合电网的规划、调度、运行、控制、仿真分析、电力市场等方面的传统理论和技术，都需要有新的突破。

2. 面向未来电网的 10 项关键技术

1）大规模新能源与可再生能源电力接入电力系统。2030 年，大型可再生能源发电具备接近常规电源的可控能力，可再生能源发电精细化功率预测技术得到提升；将实现含在线、实时分析、控制及预警等功能的大规模可再生能源发电系统的建模仿真分析与多种形式电源的联合调度技术；带储能的分布式电源接入配电网及微电网将实现商业化应用。2050 年，将实现电力系统对大规模可再生能源电力协调优化配置；大型可再生能源发电已具有完全可控的特征和可调度性；分布式可再生能源发电与地方配电网、微网内其他能源之间的协调和灵活控制技术得到普及。

2）大容量输电技术。2030 年，以大容量、远距离、节约走廊、降低损耗、保护环境、智能化为核心目标的特高压交直流输电技术重点发展。特高压交直流输电、紧凑型、同塔多回、柔性交流等输电技术及其复合技术将普及。若研制出高压直流断路器，未来远距离大容量输电将以直流为主。输电线路中安装大量传感器，实现在线监测和智能维护。2050 年，形成由先进的传感测量、通信、信息、计算机和控制等技术与物理电网高度集成的新型坚强特高压电网，具有坚强、自愈、兼容、经济、集成、优化等特征。

3）先进传感网络技术。2030 年，电力传感装置广泛部署，提高电网智能化水平；电池寿命可达十几年，传感网维护开销大幅降低；借助多维感知信息，智能专家系统实现对配电网设备故障的诊断评估和设备定位检修预测等；实现智能用电信息采集、电动汽车及其充电站的管理、分布式能源接入监测、家电能效管理等。构建完成全景全息的电力物联网，实现与智能电网一次设备、二次设备的深度融合。2050 年，传感设备与电力一次设备同寿命，实现完全感知；信息安全防护系统将覆盖信息采集、传输及处理环节；融合导航定位、空间信息技术、电力宽带通信等技术，智能化电力设备广泛应用。

4）电力通信与信息技术。2030 年，电力物联网广泛应用，实现输电线路和电力设备状态信息的全面感知和信息交互；建设完成公网/专网、有线/无线相互补充的智能电网通信传输平台，形成智能管道；初步建立后 IP 时期的新型电力通信网络体系，实现集计算、通信与存储为一体的信息服务，基本解决智能电网的大数据处理问题。2050 年，基于电力服务需求建立具有认知功能、自治功能的基于后 IP 网络架构的电力通信信息网络，为电力传输、调度、控制等提供专家级服务；实现电力信息的原子级存储，提高海量信息存储和计算能力；智能电力一次设备将具备三维交互、个性化交互、脑机交互能力。

5）先进储能技术。到 2030 年，电化学储能中的锂离子电池、液流电池和新型铅酸电池将发挥重要作用并全面进入广泛商业应用阶段，飞轮储能将在电能质量方面实现商业应用，超导储能将在电能质量、电力系统稳定方面开始商业应用，超级电容器储能将在电能质量、微电网方面实现商业应用，小型压缩空气储能将在储能领域占有一席之地，大型压缩空气将在具备地理条件的地区示范应用，而熔融盐蓄热也将和太阳能热发电一起开始具备市场竞争力。到 2050 年，将突破新型高性能储能材料及其制备技术，研究和开发出满足不同场合应用要求的大容量、长寿命、高效率、低成本的储能元件、储能系统和储能装置，实现先进高效的储能技术在电网安全稳定运行、电网削峰填谷、间歇性能源柔性接入电网、提高用户侧供电可靠性和电能质量等领域的全面推广和应用。

6）新型电力电子器件及应用技术。2030 年，实现氮化镓、碳化硅、金刚石等第三代半导体材料的制备技术将逐步完善，基于第三代半导体材料的各种性能优异的大功率电力电子器件将在电力系统中开始得到推广应用；基于第三代半导体材料的电力电子器件的应用导致全固态交直流断路器、固态变电站、固态变压器等新型电力设备不断涌现，并开始出现各种电压等级的直流输配电网的工程示范及其推广应用；而金刚石晶体材料制备及其电力电子器件的研制技术也将基本成熟，初步具备产业化前景。2050 年，高压大功率氮化镓、碳化硅、金刚石等第三代半导体新材料和电力电子器件将全面进入规模化应用阶段；各种基于电力电子技术的新型电力装备和电网架构的运行可靠性、经济性将进一步体现，基于全新电力电子技术的新型电网将具备高度的可控性、灵活性和智能化水平，彻底改变原有电网的面貌。

7）电网先进调度、控制与保护技术。预期至 2030 年，"源 – 网 – 荷"自律协同的电网调控技术将取得突破，电网消纳风光等大规模可再生能源电力和支撑互动负荷的能力显著提高，基于相量测量单无（PMU）的电网广域决策与控制技术全面应用，各种新原理保护在大规模交直流混联电网安全运行中发挥重要作用。至2050年，"分布自治、集中协调"的能量管理新模式得到充分发展，分布于整个电网的互联互动的能量管理系统家族架构全面形成，电网调度、控制和保护实现一体化。

8）电力系统先进计算仿真技术。2030年，模型模块化、标准化、"即插即用"；仿真实时跟踪评价电力系统行为，故障后立即进行快速仿真并提供决策控制支持、防止大面积停电，并快速从紧急状态恢复到正常状态；仿真结果的智能化分析手段极大增强，为各类应用提供明晰的有用信息；配、输电网统一建模和仿真，电网数据可以不同的精细程度自动组合，结合并行计算和云计算技术，实现对电网的按需灵活仿真。2050年，实现大电网仿真与电网设备中自带的标准化模型局部仿真的异地联合仿真，并依据各种先进测量技术进行模型参数的自调整仿真；开展多地远程试验，大电网的实时仿真基于异地高性能服务器，通过高速通信网络多个现场的待测设备可同时试验。

9）智能配电网和微网技术。2030年，智能配电系统和微网技术将基本成熟，配电系统可靠性大为提升，微网广泛在配电系统中存在，直流配电技术在需求明显的地方获得成功应用。智能配电系统（交流、直流）与微网将满足大规模分布式电源发展的要求，适应电动汽车发展的需要，能够从技术和管理体制上为实现用户与电网间的互动提供可靠保障。2050年，形成由先进的传感测量、通信、信息、计算机和控制等技术与物理电网高度集成的新型配电系统，具有高可靠性、优质电能质量、好的兼容性、充分的互动能力、高的电网资产利用率、集成的可视化信息系统等特征。

10）智能用电技术。2030年，家庭、办公楼宇、工厂车间、交通网络、储能和充放系统，以及多种传感器和无线网络构成智能交互用电系统，实现智能绿色的用电模式。2050年，随着先进的信息通信技术、传感量测技术、自动控制技术与电网技术的紧密结合，利用先进的智能设备，构建实时、智能的综合用电服务体系。随着新能源技术的发展和物联网技术的应用，实现对不同能源的集中测量、统一控制、实时诊断，并为用户提供实时交易和自由选择，实现能源供需模式的科学平衡，形成可持续发展的用电模式。

四、对策与建议

跟随新能源革命发展的进程，我国第二代电网将持续发展，并向第三代电网逐渐过渡转型。我国必须把握这一战略机遇，努力打造能够支撑我国电网实现战略性发展的电网科技体系。应当从国家法律政策规划和资金支持、高水平专业型和复合型创新人才培养、研究开发平台建设、科技研发规划和立项等方面做好电网科技发展的统筹部署，促进相关科技资源的高效配置和综合集成，推动新技术的研究开发和应用推广，从机制上保障和促进电网技术的发展与创新。具体建议如下。

1）积极推进电力相关法律政策的修编及资金筹措，适应可再生能源规模化发展和智能电网建设的需要。完善分布式电源接入的法律法规及配套政策，在智能电网科技研发项目、示范工程建设、研究开发平台建设等方面给予充分的政策和资金的支持。

2）建立培养高水平专业型和复合型创新人才培养机制。提倡高等院校和科研机构建立跨学科教学研究机构，吸纳国际和国内高水平人才，实行国际化的研究机制和人才培养机制。

3）筹建实体化独立运作的可再生能源电力国家实验室、智能电网国家实验室。吸纳国内外高水平的研究人才，实行国际化的运作模式，作为我国新能源发展和新一代电网建设的坚强科技支撑。

4）提前部署未来电网技术相关基础研究、关键技术研究和战略研究。结合未来电网发展的重大需求，提前部署基础学科、器件装备和前瞻性技术等三个方面未来电网技术基础研究，适时开展未来电网技术发展和智能电网相关软科学研究，推进未来电网关键技术产学研用联合攻关。

5）国家和电力企业共同支持，建设超导输电、多端直流输电、分频输电、智能用电信息综合服务等科技示范工程。

（本文选自 2012 年咨询报告）

咨询组成员名单

周孝信	中国工程院院士	中国电力科学研究院
程时杰	中国工程院院士	华中科技大学
韩英铎	中国工程院院士	清华大学
韩祯祥	中国工程院院士	浙江大学
雷清泉	中国工程院院士	青岛科技大学
卢 强	中国科学院院士	清华大学
王锡凡	中国科学院院士	西安交通大学
严陆光	中国科学院院士	中国科学院电工研究所
余贻鑫	中国工程院院士	天津大学
郑健超	中国工程院院士	中国广东核电集团

关于加强我国文物保护科技工作的建议

干福熹[*]

我国是文化遗产资源大国，5000 年灿烂文明留存下大量弥足珍贵的文化遗产。根据第三次全国文物普查，我国共登记不可移动文物 766 722 处（不包括港澳台地区），其中世界遗产 41 处、全国重点文物保护单位 2352 处。仅文物系统馆藏文物就达 2864 万件（套），其中一级文物 6.72 万件（套）。各考古研究机构收藏的文物标本上千万件，随着考古发掘工作的开展，每年还出土 1 万余件珍贵文物。这些宝贵的文化遗产是中华文明形成、发展与辉煌的历史见证，是民族团结、国家统一、文化认同的牢固纽带，也是人类文明的璀璨明珠。

党的十七届六中全会指出："文化是民族的血脉，是人民的精神家园。在我国五千多年文明发展历程中，各族人民紧密团结、自强不息，共同创造出源远流长、博大精深的中华文化，为中华民族发展壮大提供了强大精神力量，为人类文明进步做出了不可磨灭的重大贡献。在新的历史起点上深化文化体制改革、推动社会主义文化大发展大繁荣，关系实现全面建设小康社会奋斗目标，关系坚持和发展中国特色社会主义，关系实现中华民族伟大复兴。我们要准确把握我国经济社会发展新要求，准确把握当今时代文化发展新趋势，准确把握各族人民精神文化生活新期待，增强责任感和紧迫感，解放思想，转变观念，抓住机遇，乘势而上，在全面建设小康社会进程中、在科学发展道路上奋力开创社会主义文化建设新局面。"文物是推动文化大发展大繁荣，提高国家文化软实力的不可再生的重要物质资源；同时，也是调结构促发展，培育战略性新兴产业，实现经济社会全面、协调、可持续发展的重要战略性资源。

文物保护的根本目的就是要保存和挖掘文物内在的历史、艺术和科学价值，以及经济、社会、文化等衍生价值，保护和减少外部环境造成的不利影响，修复因自然侵蚀、人为损害等原因造成的破坏，并尽最大可能延长其寿命。文物保护是人文社会科学、自然科学、技术科学、工程技术等多学科综合交叉应用的学科，对文物的科学认知是保护工作的基础，理论、方法研究与创新是提升保护能力和水平的根本途径，技术工艺与新材料、新装备的研发是保护工作的有效支撑。文物保护的能力和水平，直接体现了一个国家综合国力和科技创新的整体水

---

* 干福熹，中国科学院院士，中国科学院上海光学精密机械研究所。

平和能力。在我国全面建设小康社会和实现中国特色社会主义现代化的关键时期，进一步加强文物保护显得尤为重要，并有着极其深远的战略意义。

2010 年和 2011 年，由中国科学院院士、中国工程院院士和文物保护专家组成的专题调研组，到甘肃、湖北等一些文物资源丰富的省份进行了实地考察，调研我国文物保护的现状与问题，并对国内文物保护工作的基本情况和国际上文物保护科技的发展态势等进行了系统梳理和分析研究，形成了《关于加强我国文物保护科技工作的建议》。

一、文物保护科技工作卓有成效，但问题突出、状况堪忧

近年来，在党中央、国务院的高度重视和大力支持下，国家文物行政主管部门大力推进科学技术在文物保护中的应用，加强顶层设计和战略规划，创新体制机制，完善法律法规和政策制度，组织动员科技界与文物界通力合作，保护科技工作卓有成效，文物保护整体科技水平提升到一个新的高度。

特别是"十一五"期间，在财政部、科技部的大力支持下，国家先后启动了中华文明探源工程、指南针计划等一批重大科技项目。通过联合攻关，在文物的科学认知、保护与管理、保护修复技术与材料、传统工艺技术科学化、保护集成装备等方面突破了一批关键核心和共性技术，解决了一些文物保护的重点、难点问题。此外，文物保护领域的科研组织体系也在逐步完善，17 家重点科研基地领跑行业科技发展、国家古代壁画保护工程技术研究中心获准成立、创新联盟等新型科研组织应运而生，为文物界和科技界联合攻关和开展学术交流提供了重要平台。文物博物馆单位的科技基础条件有所改善，区域性、专题性的文物保护科技中心已发展到 80 余家，实验室近 500 个。与此同时，在项目和机构建设的带动下，科技人才队伍建设较以往发生了较大变化，数量增加、结构好转，具有自然科学和工程技术专业背景的人员占从业人员的比例首次突破 10%，初步形成了一批具有专业领域特色和核心竞争力的创新团队。

但是，由于起步晚、基础条件差，科技总体发展水平相对落后，科技对文物保护的支撑和引领作用明显不足。主要表现在以下几个方面。

一是保护形势依然严峻。以可移动文物为例，国家文物局和财政部组织开展的"全国馆藏文物腐蚀损失调查项目"的调查结果表明，当前馆藏文物中50.66% 存在不同程度的腐蚀损害，其中处于濒危腐蚀程度的文物 29.5 万余件（组）、重度腐蚀程度的文物 213 万余件（组）、中度腐蚀程度的文物 501.7 万余件（组）。由于馆藏文物，特别是出土文物，材质老化、脆弱，甚至严重腐蚀，加之出土后环境发生巨大变化，更是加剧了文物腐蚀的速度。20 世纪 50 年代安徽寿县春秋蔡侯墓所出土的 400 多件青铜器，由于受"青铜病"锈蚀所害，目

前很多已经完全锈蚀而无法搬移。

二是科技专业人才队伍体量太小，行业科技人才结构不合理，战略科学家和科技尖子人才匮乏，复合型科技人才和高素质的科技管理人才严重短缺，一些文博专业人员对文物保护的科学认知、保护技术与工艺仍停留在传统的经验与认识上，对科学的理论、方法和手段有一定的排斥意识。人才队伍建设的突出问题已成为制约文物保护事业发展的关键问题。如果只依靠文物系统自身造血，人才培养和队伍建设的问题是不可能得到根本改变的。只有充分利用社会优质科技资源，协同解决文物保护的各种问题，才是真正的破题之举。

三是众多保护的共性、关键技术难题尚未解决。面对数量巨大、种类繁多、环境不同、年代各异的文物，我国现有参与保护科技工作的力量远远不能满足保护的巨大需求，只能采取被动的抢救性保护。例如，素有世界第一铁狮之称的沧州铁狮子，系大周广顺三年（953 年）铸造，重达 40 吨，已成为当地人民的精神象征。因其年代久远，历经沧桑，如今已锈蚀严重，岌岌可危。但由于结构力学、功能性保护材料等方面的众多技术难题尚未攻克，至今无法实施保护修复。又如，应县木塔在世界建筑史上独树一帜、自成体系，由于历史悠久，在环境因素和人为因素的作用下，其健康状况不容乐观。而因为缺乏一套完整且成熟的文物建筑健康和结构稳定性评价关键技术体系和技术标准，使得我们对其固有的健康水平、损坏状况缺乏了解，进而造成修缮工作缺乏科学、合理的依据。还有马王堆汉墓出土的大量精美的丝织品、漆器、帛书（画）和简牍，由于认知不足、保护技术跟不上，漆器和棺椁上精美的彩绘出土后就马上变色，出土时柔软如新的丝织品由于丝纤维的碳化，40 多年后的今天已经不能翻动了。

四是保护与认知的科学化水平亟待提高。长期以来，文物保护主要依赖于保护修复人员的经验，认知与评价的方法也基本以定性为主。虽然这些年国家文物局在大力推动认知手段和保护修复传统工艺的科学化，但将文物保护上升为真正意义上的科学，要走的路还很长。例如，新疆交河故城是世界上最大最古老、保存最完好的生土建筑城市，被誉为"世界上最完美的废墟"。长期暴露在恶劣的自然环境中，如果不加以系统的科学研究，充分认识文物材质劣化与环境因素的关系，盲目实施保护，后果将不堪设想。又如，针对石质文物、壁画彩画、金属文物、纸质文物、丝织品实施加固保护，是最为常见的一种保护方法，然而无损检测分析手段落后、对保护材料与文物作用机理研究的不足，以及适用范围和后效评价方法的缺失等问题，导致保护工作难免投鼠忌器。我们在与老修复师座谈时，经常听他们说这样一句话，"干的年头越长，胆子越小；年龄越大，越害怕"。再如，在经济利益的驱使下，文物赝品层出不穷，甚至造成了不良的社会影响。科学鉴伪手段的匮乏，已经成为文物认知工作的突出问题之一。文物保护的本质是属于技术科学或工程科学范畴，文物界在长期实践过程中积累了丰富的经验，建立了大量行之有效的方法。但是，如果仅仅停留在技术层面，是无法全面提升文物保护水平的，急需将经验知识上升为科学知识，将技术知识提高到理论成为科学。

五是经费投入严重不足，渠道来源单一。长期以来，文物系统有限的经费只能投向更为紧迫的抢救性保护工程，"先救命、后治病"成为文物界的无奈之举。然而，被动性"救命"产生的相关后遗症和忽略了"大患始于小疾"，致使文物保护"救火队"局面始终无法改变，这与国际文物界提倡的科学、系统的预防性保护理念尚有很大的距离。据统计，文物保护经费中用于科技研究的比例不足0.5%，这与文物保护科技的迫切需求极不相符。"十一五"以来，在科技部的大力支持下，设立了一批重点项目。但是，由于文物保护只属于国家社会发展科技领域一个很小的板块，无法解决历史欠账问题。调查发现，大部分基层文博单位的科技基础条件都十分薄弱，科研实验条件简陋，仪器设备零散、简陋、陈旧、缺少系统成套的问题普遍存在。对保护材料研究最为基本且非常重要的实验装备——环境模拟装备，在研究机构中已基本普及，但文物系统中却一套都没有，一些文物保护工作一线急需的专有装备就更为缺乏。基础性研究缺乏稳定的保障性投入，科研工作仍停留在低水平阶段，造成文物病害、病理等方面重要基础数据的积累严重不足，技术创新缺乏基础和依据。行业标准规范亟待加强和完善，系统的数据积累及评估标准匮乏。一些保护技术、工艺、材料缺少科学认知和精确的科学分析，致使一些文物因保护不当反而加重了损害。大批文物在库房、工作间里得不到科学、妥善的保护。

六是体制机制亟待创新。因文物安全、保护责任及文物保护的自身特点等诸多原因，长期以来文物系统还处于一个相对封闭的状态，社会优质科技资源尚未得到有效的利用。近年来，在国家文物行政主管部门的推动下，文物系统与科研院所、高等院校虽也有一些合作，但基本处于一事一议的短期项目合作，合作缺乏系统性与战略性；更由于缺乏对合作的稳定性支持与可持续投入，导致合作动力不足。要彻底解决条块分割和学科壁垒等问题，急需从国家政策层面上，引导与支持科技界和文物界的全面合作，建立协同解决文物保护科技重大需求的新体制、新机制，通过一批面向文物保护重大需求的科技项目的实施，引导全社会优质科技资源直接参与文物保护工作。

二、发达国家文物保护的实践为我们提供了有益借鉴

文化实力是一个国家综合国力的重要组成部分。美国、英国、法国、意大利、日本等发达国家，一直把文物保护作为21世纪国际竞争的战略制高点予以重点部署。这些国家的文物保护工作起步较早，科技发展水平较高，社会普遍重

视，政府大力投入，学术界协同合作、多学科共同参与，在文物保护的理念、学术研究、资源整合等诸多方面，有许多实践经验值得我们学习和借鉴。

首先是在理念上高度重视和大力支持文物保护，这不仅体现了一个国家对人类共同遗产的责任感，也反映了一个国家科技水平和资源整合的能力，体现着国家的文化实力。例如，美国面向新千年推出的"拯救美国财富计划"，以保护文物为核心，体现了美国的核心价值观；由欧洲科技界和文物保护界联合推动实施的"欧盟文物数字化"项目、"地中海地区文物认知与保护计划"及"科技发展第七框架计划"（FP7），将文物置于欧洲统一的文化基础和保护文化多样性的高度来实施，政策支持和财政投入的力度是前所未有的。

其次，国际文物保护界越来越认识到，必须推动基础学科与应用学科、技术科学与工程技术、自然科学与人文社会科学之间交叉融合与渗透，必须依靠不同学科、不同领域协同攻关，才能从根本上解决保护难题。这方面意大利是比较突出的。改组后的意大利国家研究委员会（CNR）设有文化遗产委员会，其下属的1/3研究所都有专门研究文物的部门。世纪之交，由意大利国家研究委员会和遗产部组织的预算为3.5亿欧元的"文化遗产安全"项目，内容包括从文物认知、价值研究到文物的环境影响、保护和修复的材料与方法、监控系统、价值利用等诸多方面，组织了30多个研究机构、20余所大学和博物馆及多家民间机构开展集成研究，并具体实施到一批文物的保护工程之中。法国经验也同样值得我们借鉴，法国文物保护界和学术界联合实施的"国家级文物研究计划"，也是一项汇集了法国数十家科研机构和大学、博物馆的综合项目，成为文物保护研究的经典。

最后，文物保护是学术性和专业性极强的领域，文物保护主要由国立研究院所和大学的科学家和工程技术人员进行，其成果被博物馆、文保机构或公司用于具体实践。意大利国家研究委员会在政策和经费上鼓励开展文物的科学与保护研究，所属的研究所中1/3有文物保护科学研究的专门建制。人才培养主要通过文物博物馆机构、科研机构、教育机构和产业界协力培养适合需求的人才。法国和意大利大力提升了专门的文物保护学院和培训中心，英国和意大利在高校中组建和重建了文物保护院系，德国充实了一批文物保护职业教育学院，采取多种措施保证高素质的文物保护人才被源源不断地培养出来，具有长远的战略眼光。

三、关于加强文物保护科技工作的几点建议

调研表明，我国文物保护科技工作与国外文物保护强国相比尚有很大的差距，与我国文物大国的地位极不相符。在发达国家已将文物保护作为提升国家文化软实力的核心战略的国际背景下，在新技术革命为文物保护带来重大发展机遇面前，文物保护科技工作应进一步强化政府的主导作用，加大政策倾斜和资金支

167

持力度，以体制机制创新为突破口，加快建设文物保护科技创新体系，全面提升文物保护科技创新能力，才能为建设创新型国家，为经济社会和谐、可持续发展奠定坚实的文化基础。

1）建议在已有基础上，进一步加大投入。国家文物行政主管部门应在重大文物保护工程中加大前期研究的投入比例；中央财政设立专门资金，通过组织全国科技力量，协调解决技术研发、装备升级、人才培养、基地建设及体制机制创新等方面的问题，构建文物保护科技创新体系，全面提升我国文物保护的科技创新能力。

2）建议国家文物行政主管部门与中国科学院等部门加强战略合作，共同构建跨部门合作的新机制。进一步从国家层面推动文物资源和优质科技资源的开放共享与整合利用，针对文物保护的重大战略科技需求，联合组建一批行业科技创新联盟，完善并充实科研组织体系，加快科学技术在文物保护中的渗透、融合，促进自然科学和人文社会科学的交叉，推动文物保护科技跨越式发展。

3）建议实施"国家文物保护科技行动计划"，推动科技界和文物界的全面合作。重点解决文物保护共性和关键技术攻关、重大专有装备研发、原位无损分析检测方法建立、定向基础研究、标准规范与基础数据建设、学科体系构建、战略规划与技术路线图制定，以及人才培养与创新团队建设等方面的重点、难点、瓶颈问题，全面提升我国文化遗产保护科技的能力与水平。

4）建议进一步加强文物保护科技工作的宏观管理，要组建专门性管理机构，着力解决影响发展全局的机制性和结构性问题。将科技管理工作的重点进一步向战略研究、规划和政策制定、环境建设等方面转变，规范、协调与监管国家文物保护科技行动计划的实施。

5）建议实施国家文物保护科技人才战略，在进一步加强开放式人才培养体系建设的同时，要着重解决项目实施和人才培养相结合的问题。要把人才培养和团队建设作为重大科技项目实施的重要考核指标。要通过重大项目的实施，抓紧培养和造就一批文物保护科技战略科学家、学术带头人和复合型人才，要重视文物修复和维修技术人才与科技管理人才的培养，形成结构合理的人才队伍，为文物保护的可持续发展提供人力保障。

我们相信，在党中央、国务院的高度重视下，在社会各界的积极参与下，必将大幅提升文物保护行业的自主创新能力，更多的文物保护重点、难点和瓶颈问题将得以解决，科学和技术在文物保护领域的支撑和引领作用将日益凸现。科技兴则文物事业兴，科技强则文物事业强，科技进步必将带动文物保护水平的整体提高，实现我国由文物大国向文物保护强国的战略转变。

（本文选自 2012 年院士建议）

关于重视梯级水库群大坝安全，研究相关工程技术和风险管理问题的建议

陈祖煜　等

一、前　言

　　水电是目前唯一可大规模开发的可再生清洁能源。我国拥有的水力资源居世界首位，理论蕴藏量年电量 6.08 万亿千瓦时，技术可开发装机容量 5.42 亿千瓦，年发电量 2.4 万亿千瓦时。开发水电是国家能源安全的重要保证。为实现在 2020 年非化石能源占一次性能源比例达到 15% 的承诺，水电也将发挥关键性的作用。

　　壅水筑坝是兴修水利、开发水能资源的基本手段。我国现有大坝 85 000 余座，大坝安全一直受到各级政府的高度关注。我国每年均投入巨资对病险库进行加固。大坝安全总体形势是好的。自改革开放以来，除 1993 年在青海省发生过一次大坝（沟后水库，非水电工程）溃决的事故外，未出现过灾难性的大坝溃决事件。2008 年汶川地震导致四川省 1803 座大坝损害，但未发生过一起溃坝事件。应该说，我国的水利水电科技和管理人员在过去半个世纪的坝工建设中已经积累了丰富经验并开发了先进的科学技术手段，可以保证我国大坝建设的安全。

　　大江大河上的水电站规模一般较大，对其安全问题更需予以重视。在今后的 20 年，我国将以前所未有的规模开发水电资源。在长江上游金沙江、大渡河等一系列干流上，均将出现 10~20 个基本连续、前后衔接的梯级水库。这些水库群形成上下落差 800~2000 米、总容量超过千亿立方米的水体。大坝安全形势变得十分严峻。

　　梯级水库连续溃决，将导致人民生命财产难以估计的损失。1975 年河南省板桥和石漫滩大坝溃决，即是水库溃决导致洪水叠加致灾的典型案例，导致 29 个县市 1100 万人受灾，2.6 万人死亡。在福岛核电和温甬高铁事故发生后，公众对工程建设的全生命周期安全问题日益关注。为实现我国宏伟的水电建设目标，在大规模水电开发高潮到来之前，未雨绸缪，研究相关工程技术和风险管理问题，是一项意义重大、十分紧迫的任务。

二、我国水电开发的十三大基地和相应的梯级水库群

我国十三大水电基地是指金沙江干流、长江上游、雅砻江、澜沧江、大渡河、怒江、黄河上游、红水河、乌江、东北三省诸河、闽浙赣诸河、湘西诸河和黄河北干流。在"十二五"和"十三五"时期,我国水电开发的重点将是以下几个水电基地。

1. 金沙江水电基地

金沙江干流是全国最大的水电能源基地。金沙江中下游河段,可开发水电装机容量 5858 万千瓦,多年平均年发电量 2826 亿千瓦时。规划虎跳峡(龙盘)、两家人、梨园、阿海、金安桥、龙开口、鲁地拉和观音岩 8 级,总装机容量 2058 万千瓦。雅砻江口至宜宾为金沙江下游段,长约 768 千米,落差 719 米。规划 4 级开发方案,即乌东德、白鹤滩、溪洛渡和向家坝,4 座电站装机容量超过 3800 万千瓦。正在建设的溪洛渡和向家坝水电站装机容量分别为 1260 万千瓦和 640 万千瓦,分别将于 2013 年和 2012 年向上海和杭州送电。这个相当于一个三峡装机容量的水库群将为华东地区的经济建设注入巨大动力。

2. 雅砻江水电基地

雅砻江干流水电基地规划开发方案为两河口、牙根一级、牙根二级、楞古、孟底沟、杨房沟、卡拉、锦屏一级、锦屏二级、官地、二滩、桐子林共 12 个梯级,总装机容量 1976 万千瓦,年发电量 1085 亿千瓦时。河道天然落差 3870 米。两河口为中游控制性水库,锦屏一级为下游控制性水库,其坝高 305 米,为世界第一高拱坝。

3. 澜沧江水电基地

澜沧江干流水电基地是指澜沧江云南段,规划水电装机容量 2511 万千瓦,年发电量 1203 亿千瓦时。规划 7 级开发,即古水、乌弄龙、里底、托巴、黄登、大华桥、苗尾。古水作为龙头梯级,具有年调节能力。苗尾至中缅国界为中下游河段,河长约 800 千米,落差约 842 米。规划"二库八级"开发,即功果桥、小湾、漫湾、大朝山、糯扎渡、景棋、橄榄坝和勐松。已建成的小湾水电站坝高 294.5 米,为世界上第二高混凝土拱坝。

4. 大渡河水电基地

大渡河干流水电基地从双江口至铜街子河段,规划调整方案为 22 级,分别是下尔呷、巴拉、达维、卜寺沟、双江口、金川、巴底、丹巴、猴子岩、长河

坝、黄金坪、泸定、硬梁包、大岗山、龙头石、老鹰岩、瀑布沟、深溪沟、枕头坝、沙坪、龚嘴、铜街子，共利用落差 2543 米，总装机容量为 2492 万千瓦，年发电量 1136 亿千瓦时。现已处于规划阶段的双江口电站坝高 317 米，为世界第一高土石坝。

三、关于确保梯级水电站群大坝安全的几点战略层面的思考

梯级水电站群大坝安全针对的是我国水利水电建设发展到新阶段出现的新问题，其影响面大，既涉及我国能源发展的大局，又将在较大范围影响人民生命财产安全和社会稳定。因此需要对以下几个战略层面的问题作一探讨。

1. 影响大坝安全的三个主要致灾因素

了解一个处于工作状态的大坝发生灾变的原因，这是有针对性地采取措施，保证梯级水库安全的前提。根据中外坝工建设经验，可以将影响大坝安全的主要致灾因子总结为以下三个。

1）超标准洪水。尽管我国有关设计规范对不同等级的大坝设定了合理的洪水设防标准，鉴于人类对自然规律认识的局限性以及极端气候条件的影响，超标准洪水仍时有发生。板桥、石漫滩垮坝事件即是一例。1975 年 8 月 5 日台风雨区中心移到河南省南部，暴雨中心正好位于淮河上游的板桥和石漫滩水库。当地年平均降水量约为 800 毫米，而 8 月 5 日至 7 日三天的降雨量超过 1600 毫米。板桥和石漫滩两水库入库洪峰流量分别为 13 000 米³/ 秒和 6280 米³/ 秒。而 1955 年确定的水库运用洪水标准分别仅为 5080 米³/ 秒（千年一遇）和 1675 米³/ 秒 (500 年一遇）。

2）超强地震。超强地震是大坝和附属建筑物安全最直接的威胁。汶川地震尽管没有出现一起灾难性的溃坝事件，但是暴露了一系列影响大坝安全的隐患。不仅一大批大坝受到不同程度的损害，而且导致了直接影响大坝的泄水建筑物的正常运行。例如，位于都江堰市的紫坪埔水利枢纽经过七日七夜抢险，方使泄洪洞和发电引水系统正常工作；位于岷江上游的数个水电站变成了孤岛，在震后数月方恢复交通和与外界的联系。

3）设计、施工和管理缺陷。对以大坝为骨干的水利水电工程精心设计、精心施工、精心管理，这是确保水库群安全最重要的工作。1993 年，位于青海省的沟后水库大坝溃坝，288 人丧生，44 人失踪。事故集中暴露了这一水利工程设计、施工、管理方面的缺陷和失误。设计者在缺乏代表性试验资料和未经充分论证的情况下，将原具有较强抗冲蚀能力的堆石面板坝改成了抗冲蚀能力较差的

砂砾石面板坝。大坝防浪墙的施工质量差，严重漏水。在发生库水位迅速上升、大坝异常渗漏和水力冲蚀的过程中，没有任何抢险和应急处置行动。可以说，设计、施工和运行管理三个环节中的任何一个不发生致命的失误，就不会出现这起导致重大人员死亡的事故。

2. 实现梯级水库群安全的三个战略目标

陈祖煜等院士认为，应强化梯级水库安全的以下三个战略目标，确保梯级水库不发生灾难性事故。

1）采用先进的设计理论、实用可靠的结构形式和材料，结合容错功能。例如，增大枢纽泄洪能力、降低泄洪孔口高程和加大坝顶安全超高，为水库预留风险应急库容；使水工建筑物抗风险能力得到实质性提高，尽最大可能保证不溃坝。

2）建立健全大坝安全管理机制和大坝安全评估制度，加强工程运行维护管理，确保大坝始终处于良好运行状态。当出现极端情况，在先进的大坝安全预警系统指导下，启动应急预案，尽最大可能保证上一级溃坝洪水不导致大坝漫顶，从而阻断溃坝灾害链。

3）建立科学、周密的风险应急计划，在出现险情时，保证人员安全转移。

本建议将探索从工程技术和管理两个方面实现上述三个战略目标的具体途径。

3. 强化梯级水库三条生命线的安全保障

梯级水库孕育了多条灾难链，总体来讲，需要确保以下三条生命线的安全。

1）大坝。作为水电站的骨干挡水体，大坝无疑是最重要的建筑物。在工程地质勘探、坝体结构防渗、强度储备和抗滑稳定复核等每一个环节应做到精心设计，并高标准保证施工质量。在大坝运用阶段，做好安全维护和监测，以保证大坝的全生命周期安全。

大坝分混凝土坝和当地材料坝两种类型。与混凝土坝相比，由当地材料建成的土石坝由于其大多修在土质地基，坝身又不能抵御漫顶洪水的冲蚀，其风险更大。大渡河水电基地由于河床冲积层厚，22座梯级大坝中大多数为土石坝。因此，在上述水电基地中，大渡河水电基地的梯级水库群的安全问题最为突出，需要予以高度关注。

2）泄水建筑物及其附属设备。水利水电枢纽中泄水建筑物的正常工作是保证大坝免受漫顶和超载的基本条件。发生险情时，又要依靠泄水建筑物来降低水位，放空水库，以确保下游安全。因此，泄水建筑物的重要性仅次于大坝。泄水建筑物主要指溢洪道、泄洪洞和坝身泄洪孔。鉴于通过泄洪设施的是高速水流，其他过流通道不宜作为正常使用的泄水设施，诸如厂房输水道、船闸和升船机等，但是在极端情况下，也可以作为泄水通道启用。汶川地震后，经过抢险人员七天七夜的奋战，检查和修复了紫坪铺水利枢纽的泄洪洞和发电厂房受损的上百个元器件，方使两者先后恢复工作，保证了大坝的安全。因此，这一条生命线至关重要。

3）交通、通信、供电等保证体系。汶川地震的抢险救灾过程说明，交通、通信和供电保证体系同样是一条不可忽视的生命线。在暴雨、地震、地质灾害等发生时，道路因滑坡和泥石流阻塞、供电因电源或电网中断、有线和无线通信同时失效，绝非耸人听闻。对于梯级水库，在规划设计阶段，就要研究交通、通信和供电系统的保障措施，通过多手段、多回路和提高安全储备等途径，提高这些保证体系抗御灾害的能力。

四、围绕梯级水电站群大坝安全亟待解决的重大科学技术问题

为实现上述梯级水库群安全的三个战略目标，强化梯级水库三条生命线的安全保障，亟须围绕以下梯级水电站群大坝安全的重大技术问题开展科学研究。

1. 研究梯级水库群灾害风险链的孕育及演变规律，建立大坝风险等级定量评判指标

世界上不存在绝对安全的事物。对某一建筑物，也不能简单地用"安全"和"不安全"作具有科学意义的评价。总的来说，也不存在需要不惜任何代价保证其不发生的灾害。因为无论在财力还是认识水平上，人类都没有能力防止一切灾难。根据风险产生的可能性和灾害带来后果的严重性提出不同的设防标准是明智之举。

判定梯级水库某一单元工程的风险等级相关的因素包括枢纽工程的坝型、基本工程地质条件和地震等级、坝高、库容，以及对上、下游建筑物和环境的影响度等。这是开展梯级水库风险分析和评价，进而采取多种风险控制措施的一项基础性工作。近期由水利部组织编写的《水库大坝风险评估导则（征求意见稿）》中将大坝风险按其严重程度分为极高风险、高风险、中风险和低风险。可参考相关内容和方法，建立梯级水库大坝的风险等级。

2. 研究不同等级水库规划、枢纽布置和建筑物优化设计方面涉及大坝安全的问题，制定相关的安全准则和标准

梯级水库的规划、枢纽布置和建筑物优化设计对提高其抗风险能力具有战略

意义。以下两项有关优化设计的工作，具有很好的操作性，可以为大坝安全提供直接的技术保证，宜在近期优先考虑开展相应的研究工作。

1）适当降低泄洪底孔高程、增大坝顶超高。回顾国内外大坝失事的过程，一座大坝从溃决直至洪水到达下游主要建筑物或城镇，一般需要8~12小时。例如，2008年唐家山堰塞体是于9月10日上午8点开始溃决的，洪水到达下游58千米的绵阳市时已是晚上7点。如果在险情发生的同时，开始泄空下一级水库库容，那么就有可能避免下一级电站溃坝。因此，适当降低泄洪底孔高程，使大坝具有预泄腾空库容的能力，对大坝的应急抢险至关重要。另外，对于极高风险的建筑物，适当提高坝顶超高，也可以进一步为大坝提供风险应急库容。

2）适当提高梯级水库群工程结构的安全系数。现有的水工设计规范为建筑物的各单元结构规定了明确的分析计算方法和允许安全系数。但是，这些规定是针对单个工程制定的。对梯级水库群中风险等级高的大坝，相应的安全标准理应适当提高。鉴于现有规范中规定的安全系数容许值是在长期实践积累的经验基础上总结形成的，要为梯级水库群制订一套新的标准绝非易事。近年，我国水电设计规范相继采用了建立在可靠度分析基础上的分项系数方法，通过深入研究，有可能在合理标定结构重要性系数方面取得实质性的进展，从而较好地解决这一问题。

3）在先进的气象和水文软、硬件条件支持下建立河流径流洪水预测、预报理论和系统。科学技术的发展为洪水预报技术的进步创造了条件。三峡工程建成后在长江中上游建立了572个遥测站，其水情遥测系统覆盖了湖北、四川、重庆、贵州、云南五省（直辖市），控制流域面积59万千米^2。该系统可以提前7天预报长江上游的洪水，其中3天预报精度达到95%。2009年和2010年分别成功预报了56 500米^3/秒和70 000米^3/秒的洪峰。长江上游的流域水电规划也相继考虑了水情预测预报系统的建设工作。但是，目前尚缺乏覆盖长江中上游全流域的系统、全面和统一规划的洪水预测、预报监控网。现有站点尚不能应对超过50年一遇的洪水，有关水情预测预报的基础理论研究工作也有待进一步加强。

4）开展专项研究课题，集中力量突破一批涉及大坝安全的关键科学技术难题。为确保梯级水库安全，大至水坝，小至无线通信基站、高压开关站这样一些生命线的细胞，均需要开展相应的灾害应对能力研究。目前，需要集中力量针对一批关系到大坝安全的关键技术问题攻关，争取在近期获得实质性突破。在此，列举其中几条重要的项目：①溃坝洪水分析，特别是溃口形态、水土耦合破坏机理和洪水波演进过程研究；②高土石坝渗流控制和抗震加固技术，特别是有关反滤料的合理设计、防渗控制和抗震加固技术研究；③新型泄洪、输水建筑物抗震结构和新材料基础研究；④高边坡、地下洞群稳定性评价方法和加固机理研究。

五、加强梯级水电站群大坝安全行政支撑体系建设

加强大坝安全管理是确保梯级水电站安全极为重要的工作。为此，要在采取一系列工程技术措施的同时，坚持不懈地开展梯级水电站安全行政支撑体系建设。

1. 研究制定一批保证梯级水库安全相关的法令、法规和技术标准

在调查和研究基础上，国家能源和水行政主管部门宜制定一批保证梯级水库安全相关的法令、法规和技术标准，将梯级水电站的规划、设计、施工和管理各环节中需要加强的、关系到大坝安全的措施以法令、法规和技术标准的形式规定下来。

当务之急是着手编制《河流梯级水电站风险标准和风险设计规范》，抢在一大批大、中型水电站开工前面，把应该考虑的问题、应该提高的标准作为技术法规付诸实施。

2. 研究建立流域梯级水电站群常设安全管理机构和定期的安全检查制度

我国各流域水电站分属几大发电公司，需要通过多方协调，建立统一的常设梯级水电站安全管理机构。这一机构将统一监督梯级水电站群安全工作，在灾情发生时，协调指挥各级电站步骤以及指挥应急处置和抢险工作，并开展有关梯级水库安全年检和定检工作。

3. 研究建立梯级水电站群风险预警预报和应急反应体系

在先进的洪水预测预报、大坝安全监测和保障系统支持下，建立梯级水库群风险预警预报和应急反应体系。开展社会风险应对策略研究，制订建立在溃坝洪水分析基础上的应急抢险预案。

六、结论和建议

开发我国丰富的水电资源是实现我国西部大开发的宏伟战略目标、保障我国能源安全的重大任务。梯级水库群安全是水电建设进入了一个新的时期出现的新问题。"凡事预则立，不预则废。"从现在开始，我国从事水利水电建设的工程技术人员和各级行政主管部门应高度重视这一问题，从工程的规划、设计、施工和运行管理层面，解决关系梯级水库生命线工程安全的每一个技术和管理问题。依靠先进的科学技术和行政管理体系，确保梯级水库群的安全这一目标是可以实现的。

本文分析了梯级水库的致灾因子以及保证梯级水库安全的关键技术和管理问题，并提出了具体建议。为尽快推动实施，特提出以下两点具体建议。

　　第一，请科技部和国家自然科学基金委员会在安排重大科学研究计划时考虑围绕梯级水电站群安全问题立项，组织我国科技人员开展系统、全面的科技攻关工作，争取在近期解决一批相关的关键技术难题。

　　第二，请国家能源局考虑启动编制《河流梯级水电站风险标准和风险设计规范》的计划，以尽快将上述研究工作的成果转化为可操作的、强制性的技术法规，为梯级水库的建设奠定一个牢靠的技术保障基础。

（本文选自 2012 年院士建议）

建议专家名单

陈祖煜	中国科学院院士	中国水利水电科学研究院
张楚汉	中国科学院院士	清华大学
王　浩	中国工程院院士	中国水利水电科学研究院
王光谦	中国科学院院士	清华大学

关于加强陆海统筹增加碳汇的建议

焦念志[*]

我国作为二氧化碳排放大国，减排压力巨大，然而作为发展中国家，"发展才是硬道理"，因此，除了减排，更有意义的工作是设法增加二氧化碳的吸收和储藏，即增加碳汇（简称增汇），这是另一种形式的减排。我国海洋辖区相当于国土总面积的1/3，在增汇方面具有巨大潜力，因此海洋碳汇亟待研发。

研究表明，海洋是地球上最大的动态碳汇。已知的海洋储碳机制"生物泵"和"溶解度泵"均不足以完全解释海洋储碳能力，而现有的旨在减少大气中二氧化碳含量的地球系统工程（Geoengineering）也面临各种挑战和问题。近期，我国科学家提出了"海洋微型生物碳泵"（MCP），为进一步认识海洋储碳机制、实施海洋增汇地球生态工程提供了现实可能。MCP指的是由微型生物生态过程产生惰性溶解有机碳而长期储碳的过程，已知惰性溶解有机碳在海洋中的平均滞留时间长达5000年，其总量可与大气二氧化碳的总量相当。地球历史上有证据表明这个碳库的波动与气候变化密切相关。

鉴于MCP的重要性，2008年国际海洋研究科学委员会（SCOR）专门设立了"海洋微型生物碳泵"科学工作组，由我国和美国科学家担任联合主席，26名成员科学家来自美洲、欧洲、亚洲的12个国家，该工作组已开展了一系列全球性的学术活动与科研工作。有关MCP的储碳机理已发表在《自然》杂志微生物综述上，并在其封面、目录、网页上做了亮点展示。美国《科学》杂志采访了7个国家的十多名科学家后，对MCP进行了专题报道，称MCP为"巨大碳库的幕后推手"。MCP被国际微生物生态学会（ISME）、国际海洋湖沼科学促进会（ASLO）遴选为"前沿论题"。2011年美国《科学》杂志出版了MCP增刊。

最近，美国学者认为MCP理论同样适合于陆地土壤，从而MCP理论的应用覆盖了主要地球环境。"减少陆地施肥，增加海洋碳汇"成为减排增汇的抓手。根据MCP的生源要素调控原理，可以实施MCP增汇生态工程，通过控制陆源氮、磷输入，MCP可以加强对有机碳的惰化作用。具体来说，在海陆统筹的思想指导下，合理减少农田土壤施用的氮、磷等无机化肥（目前我国农田施肥过量、流失严重），从而减少河流营养盐排放量，使MCP在近海更加有效地将有机碳惰性化，

---

* 焦念志，中国科学院院士，近海海洋环境科学国家重点实验室（厦门大学）。

并随后由海流带入大洋进行长期储碳。这将是一个既现实可行又无环境风险的增汇途径。可以根据减排目标和生态过程参数反向推出氮磷排放控制指标，并保证农业产量。如果有退耕还林等减少农民收入的情况，将来可以由海洋储碳增量通过"碳交易"予以补偿，可望使低碳经济成为大众自愿、主动参与的自发行为。

我国"十二五"规划明确提出"积极应对全球气候变化""增强固碳能力""加强气候变化科学研究，加快低碳技术研发和应用，逐步建立碳排放交易市场""加强基础前沿研究，在生命科学、空间海洋、地球科学、纳米科技抢占未来科技竞争制高点"等战略要求。我国科学家提出的 MCP 正是一个关系气候变化的海洋科学前沿制高点。为此提出以下建议。

1）采取有力措施推动我国海洋科学的自主创新和原始创新，配合国家"十二五"规划实施，尽快启动海洋碳汇国家重大专项，将 MCP 这项前沿研究转化为我国低碳经济的一个抓手。具体而言，可以设定一个从青藏高原（地球的第三极）沿长江流域（跨多个自然环境带和人为活动影响带，包括草地、森林、农田生态类型和三峡大坝、南水北调工程）经东海陆架（温带最宽陆架）到太平洋暖池（全球气候变化的引擎）这个环境梯度剖面，开展陆源输入、碳流通量及其调控因素，以及海区碳汇的系统调查和试验，获取海洋储碳的环境条件边界值和陆源输入阈值，并在此基础上通过海陆统筹实施海洋增汇生态工程。

2）在我国海区建设永久性国际海洋碳汇监测站和海上平台（目前国际上尚无设在近海的碳汇专门监测站），产出国际认可的碳汇数据，服务于国家需求，改变目前西方主导碳汇发言权的局面。在国家科研投入的同时，鼓励企业提供技术装备方面的支撑（尤其是大型央企），同时促使企业履行社会责任，改善我国这方面的国际形象。企业投入及陆源输入调控成本将最终由海洋碳汇交易获得补偿，国家出台相应的政策予以扶持和保障，促进形成企业（农民/市民）自发自愿的低碳经济行为。

3）从国家层面建立有效的国际合作机制，在碳汇科学领域与国际学术组织协作，允许并资助国外科学家深度介入我国科研活动（比如建设和使用海洋碳汇永久监测站），使我国的科研活动国际化，产出得到国际认可，并服务于我国国家利益。利用我们领导的"海洋微型生物碳泵"SCOR 国际工作组这个平台，及时推出基于我国海区研究实践的海洋碳汇有关的方法规范和国际标准（目前还是国际空白）。

上述措施对于我国抢占国际前沿战略制高点，在全世界率先取得海洋碳汇的实践成就，以及缓解我国二氧化碳减排压力、保障经济平稳较快发展，提高我国在气候问题国际谈判方面的话语权、主动权及国际政治地位都具有重大意义。

（本文选自 2012 年院士建议）

关于缩短学制，建立全民、全龄的智力开发及终身学习制度的建议

郭慕孙 *

比尔·盖茨和史蒂夫·乔布斯都读过大学，但没有毕业就开始工作，成绩非凡。追溯至古代，有欧几里得的几何；至中世纪，有达·芬奇的科学与艺术的创作；至近代，有爱迪生的钨丝电灯。这些有创新的人才，都不属于现代教育的产物。因此提出了一个问题：为何他们的成绩超过许许多多大学毕业生？现在，我们的孩子自幼儿园出来，从小学经中学到大学共计 16 年的学制是否值得审视、改进甚至缩短，使青年人能更早地服务于社会，同时减轻社会教育他们的负担。

在当前的计算机时代，已没有必要过多地传授和记忆历史、事实性的内容，数学要辅助以计算机软件解公式，分析和设计也可用很多的计算机软件。在这样的时代背景下，是否可考虑减少知识以传递—记忆—反馈为主的教育，而着重知识的应用和开发。另外，完成了 16 年教育或更多年教育的大学生和研究生，大都忽视后续工作年代中的继续教育。要做到这点，要求全社会都能高度重视并建立终身学习的组织和制度。

为此，本人提出对以下两个问题的建议，请主管教育的领导研究，以加速推进教育体制的改革。

一、改革学校教育学制

1）学制：每年改为 3 学期，各 3 个月，共 9 个月；削减现在 4.5 个月学期中可用计算机替代的内容，缩短为 3 个月。这样，大、中、小学的 16 年教育可在 11 年中完成（表 1）。

2）教育应包括两个方面：人格教育——诚信的追求和愿望，从幼儿园开始；能力教育——自学能力、交流能力、创新能力。

3）大学学习时期要有选拔和淘汰，保证毕业生的质量。

4）全国教育体系要具有四个层次：大学、职业、贫困地区和社会的终身教

---

* 郭慕孙，中国科学院院士。

育组织（见下文 2.）。

5）研究机构对培养青年应负有见习、培训青年的社会职责，由国家规定、贯彻和监督。

表 1　学制改革建议

学段	现行每年：2 学期，各 4.5 个月，共 9 个月	建议每年：3 学期，各 3 个月，共 9 个月
幼儿园	6 岁入学	6 岁入学
小学	6 年　12 岁毕业	4 年　10 岁毕业
中学	6 年　18 岁毕业	4 年　14 岁毕业
大学	4 年　22 岁毕业	3 年　17 岁毕业
研究生	2/4 年	按培养目标另定
培养目标	知识的传递、记忆、反馈	知识的应用和开发

二、贯彻自主创新，建立全民全龄的智力开发及终身学习制度

贯彻自主创新，要求全国人民的智力和认识要持续不断地跟上时代的发展，为此要有组织措施。

1. 青少年

从幼年开始，启动人生的定位（人格和能力）。

1）人格教育：诚信的追求和愿望。

2）建立创新的动力（motivation）：攀登高峰的心态和毅力。

3）形成创新（curiosity/creativity）：的习惯好奇好问、动脑创造、动手制作。

4）追求创新（competence/ability）：的能力选择学习、点面结合。

具体要求如下。

1）学会交流能力：语言、文字。

2）入门定量分析：数学。

3）立足知识全局：选择、获取和应用解决问题的知识。

应有针对性地培训青少年教师。

1）有计划地建立少数试验班，定期总结交流，创造经验。

2）收集、考察国内外成功的经验，交流讨论，形成教师培训材料，组织教师培训班。

2. 工作年龄人群

与时俱进，维持已经获得的最高学历水平，永不掉队：①继续教育：工作单位给予 10% 的工作时间，即每周半天从事专业学习或施教。②职工：根据不

同的水平和岗位要求，交叉学习和施教。③工作单位负责学籍记录入册，列入档案。④提高技术员培训教材的科学内涵。

3. 老年人

许多老年人不甘心享清福，乐于承担一些工作的负担：①根据现有国民体质的提高，可否适当延迟退休年龄至 65 岁；②研究适合延聘或返聘退休人员的工作，既要发挥他们的专长，又要与在职人员有所区别。

4. 成立全民全龄智力开发部

1）综合人事、教育、心理、医学、财政、科技及不同产业部门的专家，成立国家智力开发部（简称智力部），请一位副总理领导；在地方成立智力局，协调这一综合性很强的智力开发工作，确保自主创新的顺利贯彻。

2）设立智力开发基金，资助有关全民全龄智力开发的工作和活动。

（本文选自 2012 年院士建议）

关于建立青藏高原高寒草地国家公园和发展高原野生动物养殖产业的建议

张新时[*]

　　青藏高原北部的羌塘和可可西里地区，面积约 50 万千米²，平均海拔在 5000 米以上，气候寒冷、生长期短暂、高寒草地生态系统生产力低，其净初级生产力（net primary productivity，NPP）[①]在 IDMTon/Ca·hm² 以下，基本上不适于发展常规的农、林、牧业，也不宜于人类定居生活。然而，可以与其对比的，却是在亚非大陆远西部的中非稀树草原，它与青藏高原具有大致相当的纬度，处在亚热带，只是位于低海拔的大平原，气候暖热、干湿季分明，有着现今地球上最为壮观的、依靠稀树草原为生的野生有蹄类食草动物群，构成该地区国家公园的关键种，每年吸引着世界各地的大量游客，不仅保育了当地珍贵的生物多样性，成为地球上伟大的自然文化遗产，并产生了巨大的经济效益，作为当地各国的重要财政收入，是众所周知的事情。青藏高原虽因巨大的海拔而具有远别于亚热带的气候和生物类群，但其丰富多样的特有高寒动物群，既不同于亚热带稀树草原的动物群也大有异于南北极寒带的动物群，却也异曲同工地是地球上绝无仅有的自然文化遗产和极具高原特色的生物多样性瑰宝。当地的野生大型有蹄类食草动物，如特有的藏羚羊、野牦牛、藏野驴等，在高原隆升的数千百万年长期演化的自然选择和变异过程中适应了高寒缺氧的气候和高原高寒草原与草甸稀疏草被的生境，形成了特殊抗寒、耐低氧分压和强辐射的体态、结构和生理特性，其皮、毛、肉、乳、角、骨等都有多种用途和很高的商业价值，尤其是成群结队的高原动物群更构成世所罕见的极美游览景观。所有这一切不仅会吸引世界的游客和公众的关注，同时也引起国内外不法分子的觊觎，大规模盗猎事件屡有发生，甚至有愈演愈烈之势。《中国科学探险》杂志专文报道揭露了一条由青藏高原—新德里—伦敦的"沙图什"（shahtoosh），即盗猎藏羚羊取毛、走私的"地下"通道和加工厂支持的国际黑色市场（见《中国科学探险》2007 年 6 月刊），以很高的收购价格引诱牧民铤而走险，盗猎大量藏羚羊取绒弃尸，造成对藏羚羊种群的严重损害和对高原景观的破坏。

---

　　*　张新时，中国科学院院士，中国科学院植物研究所。
　　①　绿色植物呼吸后所剩下的单位面积单位时间内所固定的能量或所生产的有机物质。

另外，即使在极端干寒和缺氧的不利条件下，在藏北青南高原的南部和东部仍有相当数量的牧民进行藏羊的游牧活动。这种极端脆弱、粗放、低生产力、生态环境不友好、得不偿失的天然草地放牧生产方式，在每年不过三个月（7、8、9月）的短生长期内使低矮、稀疏的高寒草地发生严重的退化；尤其在全球增暖的大背景下，草层变稀、表土永冻层融化、水分状况恶化，导致"荒漠化"的趋势加剧。由于高寒草地很低的生产力，每头藏羊每年需要40~60亩草地，加上该地区频繁发生（平均两年一次）的大雪灾以及旱灾和鼠害的严重威胁，经常造成当地畜牧业毁灭性的灾难，必须当地政府和国家耗巨资救灾和恢复生产，其代价甚至超过当地畜牧业的产值。因此，羌塘和可可西里高原天然草地放牧这种古老（13 000年前）、原始（新石器时代）、粗放和不可持续的经济增长方式必须尽快地转变，以保育和恢复高原草地的生态环境和改变牧民极端贫困的生活状况。

青藏高原北部是我国，也是地球上唯一剩余的高寒区大型珍贵有蹄类野生食草动物成大群游荡栖息的避难所，其生存空间现已受到放牧家畜的胁迫而被排挤压缩到藏北青南的无人区，但在那里仍有相当数量的家畜与其分食稀少的草株。

面对青藏高原的生态困境，建议在藏北青南地区（界限待定）建立"青藏寒草地野生动物国家公园"（包括原建的保护区在内）。国家公园与保护区的区别在于，国家公园保护其内的所有动植物与自然景观，但可适当开放游览和科学合理地、有管理地利用；而保护区内是不能猎杀和利用其内的生物的。

参照美国中央大草原恢复北美野牛（bison）和欧洲及中亚各国建立赛加（高鼻）羚羊保育计划的做法，建议：①在国家公园范围内的天然草地禁止一切牲畜放牧活动，牧民就地转变为国家公园的保卫人员和公园野生动物养殖场的工人。②建立示范性的野生动物养殖场。可捕获一些刚诞生的幼龄藏羚羊，形成圈养藏羚羊规模化的繁殖能力（如新疆塔里木河下游胡杨林内的生产建设兵团用这种方式已形成数千头塔里木马鹿的圈养种群）。可能有人认为藏羚羊不适于圈养，可可西里保护区工作人员收养了一头失去母亲的幼藏羚羊现已长大，这表明藏羚羊是可以圈养的。③在此基础上逐步建成规模化的藏羚羊剪毛（绒）生产与加工能力，并发展公开合法的销售渠道和国际市场。

但要注意解决以下几方面的问题：①养殖场应种植耐寒的燕麦、青稞等作为冬春大半年补饲。对捕获的幼羊可以用家羊或牛奶饲养。②通过选育方式培育产绒量高的藏羚羊品种。③防治藏羚羊的寄生虫和病害，提高其存活率和生产力。④采取人工授精方式，以提高其繁殖率和保证良种繁育。⑤研究确定合理的剪毛期（如初夏），采用人工剪毛方式采收羊绒和羊毛。⑥建立毛绒加工厂，改进传统的藏羚羊绒披肩的染色和编织方法。⑦当天然草地中的藏羚羊种群数量繁殖过多时，可根据动物专家的监测，确定当年可捕获的合理数量，猎取部分公羊，或以麻醉后剪毛而不是杀羊取绒的方式加以合理利用，以保证藏羚羊种群数量稳定在一定的数量界限内。

藏羚羊养殖业与保育体系的形成将有效地逐步取代藏北青南高原天然高寒草地上传统的落后生产力的藏羊游牧生产方式，从而出现大型有蹄类野生食草动物健康、安全的生态–经济体系及其兴旺和谐的可持续发展局面。

另外，公开的藏北青南本土的"沙图什"繁荣经济将最有效地遏制和取消由盗猎和地下通道偷运所支持的黑色"沙图什"国际市场，更好地保育藏北青南这片神圣的净土及其上美妙的生灵。

青藏高原又是我国三大养牛带之一的"牦牛带"，与北方的"黄牛带（含荷斯特牛）"和南方的"水牛带"相并列。牦牛适应高寒缺氧环境，其乳与肉脂肪含量高，有特殊用途和价值。其腹下特长的毛绒，藏民久已用来制成"普鲁"，雨水在其上滚落而不渗入，垫于湿地而不透。曾在上海的毛纺厂试织成上佳的毛织料，但由于原料稀少，未形成规模的生产力而未能流行于市场。

牦牛的饲养在青藏高原已有悠久的历史和丰富的经验，但未形成规模化的产业，且现有家养牦牛品种退化十分严重，体形远远小于野生牦牛，生产性能差，亟待品种改良、复壮和育种。可利用雄性野牦牛来改良和培育家养牦牛的品质、体形和生产力。并建立优质牦牛的养殖场和有关的加工业，除利用牦牛的特长绒毛外，还发展牦牛乳、肉、皮革的加工。牦牛乳的含脂量很高，适于生产优质奶油和干酪。牦牛肉干风味甚佳，有颇大的加工潜力。

藏羚羊、牦牛等高原野生有蹄类食草动物养殖业的形成能最好地保育高原的生物多样性和生态环境，使高寒草地得以恢复和重建，形成可持续的高原高寒草地生态系统生态产业链与天人和谐的高原生态、经济和社会。

（本文选自 2012 年院士建议）

关于我国现阶段区域战略的认识和建议

陆大道 [*]

一、我国区域发展的战略重点应长期在沿海地区

"西部大开发""东北振兴""中部崛起"及"沿海地区率先实现现代化"等组成我国现阶段区域协调发展战略的构架。但是，我国现阶段区域发展的战略重点在哪里，反而变得有些模糊了。实际上，我国区域发展的战略重点自改革开放以来就置于沿海地区。沿海地区的率先现代化和大规模地进入国际经济循环，无论在国家政策层面还是在经济发展水平、产业结构升级、大规模基础设施建设及大都市区的发展等方面，都说明了这一点。

19世纪末，地缘经济学家就将海洋称为"伟大的公路"，是国家富强的基本决定因素之一。长期以来，全球经济总量的60%以上集中在海岸带纵深100千米左右的范围内。特别是在全球化和信息化的大背景下，世界上的经济和人口越来越集中到沿海地区。我国沿海地区正在形成大都市经济区和众多的人口及产业集聚带。沿海地区在全国GDP增长速度、经济总量和产业结构层次、经济国际化程度及国际竞争力等方面，必然占有很大的份额和优势。

我国区域发展的战略重点长期置于沿海地区，完全符合全中国人民的整体利益和长远利益，也科学地反映了客观规律的要求。人类的社会经济活动受海洋的吸引是长期趋势。在经济全球化和信息化迅速发展的今天，沿海地区的发展优势进一步加强了。

影响乃至决定我国各地区经济发展水平差距的主要因素有自然基础、历史基础、区位（自然的和历史的）、科学技术创新等。近年来，全球化、信息化的发展也是导致我国区域发展差距扩大的重要原因。现阶段我国基本上处于工业化发展的中期，其特点是高速经济增长及较低的人均经济总量，这些情况使得区域间发展不平衡成为高速经济增长难以避免的副作用，而从不平衡到较为平衡的发展将是一个长期的过程。

---

[*] 陆大道，中国科学院院士，中国科学院地理科学与资源研究所。

二、关于"十二五"的"国家区域战略"

区域发展战略是国家关于在一定发展阶段内各（类型）区域的发展方向和总体格局的指导思想和基本方针的概括。从"十一五"开始各省（自治区、直辖市）就非常重视国家的"区域战略"。都在努力使自己的一部分区域上升为"国家战略"，即使本地区的重点区域进入"十二五"国家战略（区域）的清单，进写国家"十二五"规划的文本。现在，大部分地方性的"重点地区"已经被批准为"国家战略"的组成部分，主要名目有"经济区""生态经济区""经济带""城市群""都市圈"等。

正在实施的"十二五"规划文本将"国家战略"区域分别在区域协调发展战略和主体功能区战略两种类型中列出。看起来，它们都是国家的战略重点区域。但仔细分析，它们中相当一部分不可能是国家的战略重点区域。因为各地区提出"国家战略"的重点区域，区域名称多种多样，类型和内涵也各不相同。有些区域肯定不能作为"国家战略"（组成部分），名不符实。一些省（自治区、直辖市）将自己范围内的欠发达地区经过规划（"包装"）上报要求成为"国家战略"的，基本上是省内平衡发展的政治和经济需要；另外，这些"国家战略"区域整合后不成为一个全国性系统，且国土范围过大。

三、关于三大都市群和都市经济区的定位

在全国及各地区的国民经济高速和超高速增长的同时，我国产业的空间集聚也不断发展，大城市经济区和诸多的城市与产业集聚带正在形成。

在全球化和新的信息技术支撑下，世界经济的"地点空间"正在被"流的空间"所代替。世界经济体系的空间结构已经是建立在"流"、连接、网络和节点的逻辑基础之上的。一个重要结果就是塑造了对于世界经济发展至关重要的"门户城市"，即各种"流"的汇集地、连接区域和世界经济体系的节点——控制中心。这是当今世界上最具竞争力的经济核心（城市）。这种核心（城市）成为国家或大区域的金融中心、交通通信枢纽、人才聚集地和进入国际市场最便捷的通道，即资金流、信息流、物流、技术流的交汇点；土地需求强度较高的制造业和仓储业等行业则扩散和聚集在核心区的周围，形成庞大的都市经济区。核心区与周围地区存在密切的垂直产业联系。核心城市的作用突出地表现为生产服务业功能（如金融、中介、保险、产品设计与包装、市场营销、广告、财会服务、物流配送、技术服务、信息服务、人才培育等），而周围地区则体现为制造业基地的功能。在当今全球化和信息化迅速发展的时代，核心城市还往往是跨国公司地区

性总部的首选地。具有上述垂直产业分工和空间结构的大都市经济区是当今世界上最具竞争力的经济核心区域，如纽约、伦敦、巴黎、东京等。

我国已经成为世界第二大经济体。三大都市群，即以北京和天津为核心城市的京津冀、以上海为核心城市的长江三角洲、以香港和广州为核心城市的珠江三角洲等已经具备条件逐步建设成为对东亚、对世界经济有明显影响的全球性大城市群，以及以它们为主体的都市经济区，成为全球性"流"的交汇地、连接国家和世界经济体系的节点和控制中心，成为世界上最具竞争力的经济核心之一，是中国进入世界的枢纽，世界进入中国的门户。

三大都市经济区的明确定位及其优化发展应当成为"十二五"及此后一个较长时期内国家的"区域战略"（或重要组成部分）。实施这样的战略定位，就需要组织编制三大城市群及其相应的三大城市经济区的区域规划。其规划的主要内容是：①规划区域的整体功能及城市发展方向定位；②瞄准国际趋势，调整产业结构，逐步建成为具有强大竞争力的产业体系；③促进空间重组和整合，有效引导人口、产业适度集中；④优化城乡土地利用结构，严格保护耕地，积极治理水污染，改善水环境质量；⑤加强区域性基础设施的统一规划建设和一体化管理。为此，必须坚决跨越现行体制的"门槛"。

四、关于北京、上海、天津的主要经济功能定位

20 世纪 70 年代末我国改革开放从东南沿海地区开始。90 年代初国家决定在上海浦东实行特殊政策并进行大规模的以金融商贸中心为主的发展。自此以后，人们就期待着我国北方地区或环渤海地区也出现类似浦东开发那样的"国家行为"的"国家政策高地"。实际上，北京长期以来就是这样的"政策高地"。

改革开放以来 30 多年间，京津冀已经逐步成长成为中国三个大都市经济区之一。作为国家的首都，随着国家经济实力的迅速强盛，北京正在成为金融、商贸、高技术，以及大规模研发、中介等高级服务业的基地。北京早已是我们国家的"政策高地"。不像东南沿海和浦东开发那样，是通过党和政府的最高政策纲领规定的，而是由首都的功能决定的，有些也是长期发展态势的自然延伸。国际性的高级服务业机构进入我国，需要与我国中央政府及各部门打交道，它们的首选落户地当然是北京。

30 年来，总部设在北京的金融机构占据中国金融资源的半壁江山，其中，对金融市场发展有重要影响的决策和监督机构——中国人民银行、证监会、银监会、保监会和实力雄厚的四大国有商业银行总行在北京，北京拥有 11 家保险公司的总部。逐步发展壮大起来的中国工商银行、中石化、中国移动等拥有国内前十家最大规模资产的企业，它们每一家的资产都有数千亿元至数万亿元。它们的

总部在首都北京，就自然会产生庞大的总部经济。这种情况并不奇怪。许多发达国家的首都也都是由于这种功能而发展成为国际大都市和国际性金融和商贸中心的，如东京、巴黎、伦敦、首尔、新加坡等。

我国正在成长为全球经济大国，在经济全球化过程中的地位越来越重要，将很可能成为世界金融中心大版图中的重要一极。这样，必然会逐步形成1~3个具有国际意义的金融中心城市，并与若干个次级金融中心组成布局合理的金融中心体系。北京，作为我国的政治中心具有成为国际意义的金融中心的重要优势，不仅仅可以建成为国家金融决策中心、金融监管中心、金融信息中心和金融服务中心，同时，也应该发展金融营运和金融交易。

天津及其滨海新区开发具有相当的优越条件和发展前景，主要体现在航运中心、先进制造业、原材料工业、物流业、仓储业、产品设计与包装等方面。天津滨海新区开发的目标和内涵不适宜与北京、上海浦东类比。上海的腹地几乎包括大半个中国，腹地范围内产业和人口密集。上海在历史上也就是这样很大区域的门户和枢纽。其主要经济功能是国家乃至国际性的金融中心、商贸中心、中介服务及市场营销、广告服务中心，综合性的交通通信枢纽，人才聚集地和培育中心，以及进入国际市场最便捷的通道、门户等。

（本文选自 2012 年院士建议）

关于黄河黑山峡河段开发方案分歧的认识和建议

陆大道[*]

2010 年 8 月我参与了中国科学院学部组织的关于黄河黑山峡河段水利工程的调查研究，沿途考察了工程各个方案的河段、地形地质及社会经济状况，听取了甘肃省、宁夏回族自治区、内蒙古自治区政府有关部门，以及水利部黄河水利委员会的介绍。

关于在黄河黑山峡河段兴建水利工程的建议，早在 20 世纪 60 年代就已经提出。但由于在建设地址和方案上甘肃省和宁夏回族自治区长时期持对立意见，宁夏回族自治区坚持在自己境内大柳树建高坝（大库），甘肃省坚持在自己境内河段建低坝（其中包括近年来提出的四个低坝方案）。国家有关部门始终没有做出决策。

长期以来，赞成和坚持在宁夏回族自治区境内大柳树建高坝（大库）方案的一方强调：大柳树是优良的大坝坝址，可以取得灌溉、发电及防洪等最大的综合效益。支持在甘肃省内河段建低坝的一方认为，大柳树坝址的工程地质条件有问题，特别是强调低坝方案可以大大减少淹没损失，省内自己解决移民问题比较容易。近年来，水利部黄河水利委员会提出支持大柳树方案的理由，认为高坝大库方案可以形成"人造洪峰"，可以冲掉黄河内蒙古段的泥沙淤积，维持黄河的"健康生命"，保持黄河河道安全。

我对于上述各方的观点和理由有以下综合分析和评价。

1. 大规模移民是重大的社会问题和民生问题

两个方案的移民规模相差很大，大柳树方案需要移民 80 000 人，低坝方案只需要移民 5000 人。大柳树方案将使甘肃省沿黄的靖远、景泰等大片优质耕地淹没掉。这也是甘肃省长期不同意大柳树方案的理由之一。大规模移民已经成为现阶段建设大型水利工程的极大难题之一了。我认为，今天修建水库的大规模移民问题应该提到重大的社会问题和民生问题的高度来看，我非常同意国家发展和改革委员会 1166 号文所强调的："移民问题与工程建设问题同样重要。"宁夏回

---

 * 陆大道，中国科学院院士，中国科学院地理科学与资源研究所。

族自治区提出：甘肃省的 80 000 移民可以由宁夏回族自治区在宁夏境内进行安置。我认为，根据以往的经验这样的安排肯定会引起很多棘手的问题，是难以实施并取得理想结果的。

2. 黄河内蒙古段泥沙淤积不可能依靠大柳树方案得到解决

这些年来，水利部黄河水利委员会强调黄河内蒙古段的泥沙淤积需要实施大柳树方案。实际上，泥沙淤积是由于刘家峡、龙羊峡蓄水带来的问题，在临河附近的黄河河段，河面宽约 5 千米，而纵坡小于千分之一，况且这一河段淤积的沙子是粗沙，主要来自石嘴山以下的黄河沿岸。依靠建设大柳树方案形成"人造洪峰"能够起作用吗？由于鄂尔多斯的煤电基地的建设和社会经济的迅速发展，内蒙古河段的河道安全确实极为重要了。解决的方向应该是加强两岸堤防的建设和控制流沙进入黄河。

3. 黑山峡河段水资源大规模开发的意义已经不像以前那么重要了

宁夏回族自治区强调大柳树方案的早期理由是大幅度扩大自治区的灌溉面积和改善灌溉条件，同时发电和防洪等。但自从刘家峡、龙羊峡两大水库蓄水后，宁夏回族自治区的灌溉条件和防洪条件已经大为改善。大柳树方案只是使部分灌溉面积改善灌溉条件（增加自流灌溉和降低扬程）。就发电而言，意义更是大大降低了。现在西北电网的总装机容量已经超过 1 亿千瓦，而大柳树方案的装机规模只占西北电网总装机容量的 1.8%，占西北电网水电装机容量的 8.3%。就发电量而论，所占份额只是这两个很小比例的一半。

4. 利益之争是分歧的关键

大坝在哪一个地区，对于双方的利益关系非常大。无论工程在哪一个省（自治区），淹没损失都在甘肃省。从甘肃省角度来考虑，低坝方案，非但损失小，更重要的是，可以较好地解决移民问题。大柳树方案，工程在宁夏回族自治区，但是要甘肃省承担损失。宁夏回族自治区提出：如在大柳树建设枢纽，发电的收入可以还给甘肃省。按照计划的装机规模，年发电收入（以目前的电价）不足 10 亿人民币，无法起到平衡利益的作用。我以为，除了大规模移民以外，主要的利益分歧在以下方面：①工程总投资可能达到 200 亿~300 亿元，建筑工期 8~10 年，高峰期将有万人以上的施工队伍在工地。为这些人服务还要 1 万人甚至更多，施工期工程建设需要的建筑材料生产、机械和各种设备的维修，大规模的生产、生活物资的供应，以及服务业、供电系统、交通系统、供水系统的建设等，将形成庞大的建筑工地和小城镇。工程建成、水库运行之后若干年就会出现一个现代化中等城市，成为所在地区的经济增长极，带动诸多的产业和创造大量的就业岗位，不仅经济意义巨大，社会意义更为突出。②中央政府各有关部门的资金进入工程所在地区，金融、商贸、物资等部门会获得巨大的利益。③黑山峡工程关于利益和观点的分歧历史很长，很可能是任何一个工程所没有的，许许多多单位和无数的学者、领导、社会人士等都以某种形式参与进来。最终大坝定在哪一个省（自治区）成为两省（自治区）领导人向广大老百姓和社会交代的重大问题。似乎争取到工程在本省（自治区）建设就是政治领导人事业成功的重要标志了，也是对自己执政能力的"考验"！

几十年来，甘肃省和宁夏回族自治区分别邀请不下十多家水利勘测设计机构做了各自低坝方案和高坝方案的勘测和规划，就坝址的工程地质、地形、水文等做了大量的论证工作，认为低坝方案可行或高坝方案可行的结论几乎同样多。现在，如果还要做类似的工作，比一比哪一个方案的工程条件更好更可行，或者说哪个方案是科学的哪一个方案是不科学的，我认为已经没有必要。

总之，黑山峡河段的开发方案需要按新的背景和环境做出决策，一定要使损失和受益达到区域平衡。实现两方的"双赢"。过去在进行大河开发时往往强调"局部服从整体"。现在我以为黑山峡工程的建设决策不宜简单地强调这一点。

黑山峡河段在今后 30~50 年内不开发不一定不好。长期以来，许许多多的报告都强调，希望中央政府尽快做出决策，尽快建成这一大型枢纽工程，为沿黄广大人民造福。也有的报告强调这是黄河干流上唯一的一个大型工程了，希望国家早日开发。我认为，这一工程的重要意义已经不比从前，问题和代价却大大增加了，现在没有必要做出强制性的决策。留下这一河段的峡谷景观和人文资源，可能是更好的选择。

（本文选自 2012 年院士建议）

发展我国平板显示产业面临的
迫切的科学技术问题

甘子钊　等

一、平板显示产业面临重大转变

平板显示技术已经成为当代人生活与工作中的一个重要方面。"大屏小屏人人有"这句话充分表述了这种状况。我国是世界上人口最多的大国，平板显示产业的发展在我国产业发展中的重要性是毋庸置疑的。平板显示产业技术目前的主流是液晶显示技术。20 多年来我国在液晶显示技术上的进步是有目共睹的，已经建成具有相当规模的液晶显示产业。但是，由于我国一直未能自主地掌握相关产业的核心技术，所以在这个重大产业部门的国际激烈竞争中一直处于被动"挨整"的地位，尽管在规模上有很大的发展，但经济上的损失还是相当巨大的。这个经验教训是业内都承认的。

目前，平板显示技术又一次处在发生重大转变的前夜。我国又一次处在相对被动而且缺乏应有的技术准备的状况。如果不及时采取强有力的措施，适当集中科技力量，努力争取避免重蹈过去 20 年的"覆辙"，不能自主地掌握核心技术，继续在国际竞争中处在被动的不停地"引进"状态，将会对今后我国国民经济和科学技术的发展造成严重的损失。

平板显示产业技术将要面临两个重大的带有本质性的转变：一是电视屏技术（"大屏"技术）将要面临从以液晶（LC）显示屏为主逐渐转变到以 OLED 显示屏为主。二是手机、笔记本电脑等"小屏"技术将要面临会逐渐转向以"杂化"的全息激光投影（Holographic Laser Projection，HLP）技术为主。从国际上发展的局面来预测，在 3~5 年内前者将会大规模地出现在市场上，后者也许要慢一些，但在 3~5 年内也会有一定规模的出现。因此，摆在我们面前的任务是极端迫切的，我们希望有关方面重视这个问题，立即采取必要的行动。

二、当前发展 OLED 显示屏的技术关键是发展基于氧化物电子学的薄膜晶体管（TFT）技术

经过 20 多年的发展，OLED 作为平板显示的发光器件可以说已经是比较成熟了，尽管从亮度、色彩、寿命、功耗及处理工艺等方面看还会不断有所改进。但是，用 OLED 屏代替 LC 屏在技术上实际已经是比较成熟了，是到了可以大规模地进入市场的时候了。OLED 屏较之 LC 屏，从功耗、色彩、视感方面看优势是十分明显的，而且也已经为多种产品的实践所证实。那么，为什么用 OLED 屏代替 LC 屏还没有被普遍的市场接受呢？问题出在驱动 OLED 显示像素的电路系统上。在 LC 显示系统中，LC 显示像素实质上起光开关作用，它的运行本质上是电压驱动的。目前使用低温多晶硅（Low Temperature Poly-silicon, LTPS）技术制备的大面积 TFT 电路，是能够满足规模生产的需求的。但对 OLED 显示系统来说，OLED 本身就是光源，它的运作需要较大的驱动电流。由于目前用 LTPS 技术制备出来的非晶硅或多晶硅薄膜的载流子迁移率很低，所以电路系统无法提供 OLED 器件足够的电流。为了提高硅薄膜的迁移率，发展了基于低温金属晶粒诱导晶化技术和激光扫描退火晶化技术，采用两种技术的结合，利用晶粒再结晶效应实现具有一定织构的，有较高迁移率的多晶硅薄膜，这可以称作改进的 LTPS 技术。这种改进的 LTPS 技术确实可以获得较高迁移率的硅膜，可以用来制备 OLED 显示屏（制造显示像素的驱动电路）。但是由于再结晶过程的复杂，难以获得具有需要的均匀性的大面积 TFT，这是一个难点。数年前，市场上开始出现使用 OLED 屏的手机、笔记本电脑及小面积的彩色电视，它们确实在耗能、色彩、视感上都显现了 OLED 屏相比 LC 屏的优势。但是据估计是由于改进的 LTPS 技术的成品率在面积较大时难以做到较高的水平，因此造价过高，所以除手机屏外，其他都没有真正形成较有规模的市场。

在制备大面积 TFT 电路系统上，还有另一条技术路线。在光电子学技术中广泛使用的氧化物导电薄膜，如 ZnO、SnO 等宽禁带半导体薄膜，其载流子迁移率不难做到是非晶硅薄膜的几倍到几十倍；它们的工艺技术不需要高温，很容易做到与有机薄膜（LC、OLED）的工艺相容；而且它们还是相当透明的薄膜。基于这些宽禁带半导体薄膜的 TFT 电路，由于不需要使用改进的 LTPS 技术中的再结晶过程，原则上可以达到比改进的 LTPS 技术高的成品率，特别对大面积屏来说这是非常关键的。因此，发展氧化物材料的 TFT 电路技术 [有些人也把它们叫作透明电子（transparent electronic）技术] 近十几年来，特别是近五年来，在国际上得到重视。

记得在三年前，我们曾写过一份关于 OLED 屏将会代替 LC 屏成为平板显

示的主流的咨询意见，我们当时建议，做好平板显示产业从 LC 屏为主转移到 OLED 屏为主的科学技术工作的关键是发展相应的 TFT 电路技术。但是报告中强调的当前重点还是应该放在改进的 LTPS 技术，争取进一步提高其均匀性和大面积的成品率上；同时也提出应重视氧化物 TFT 电路技术的发展，加强研究力量。可是，近期的国际动态表明，我们原来的这个估计是过于保守了。几年来，改进的 LTPS 技术虽然也有很大进步，但看起来终究难以满足 OLED 屏成为主流的要求。而氧化物 TFT 技术（如 IGZO、TFT）进展很快，虽然目前还不能和硅技术的成熟程度相比，但有理由说已经处在成熟和规模化的实现产业化的前夜，将要代替改进的 LTPS 技术，成为 OLED 屏的电路系统的主要技术。事实上目前已经开始有用氧化物 TFT 技术的 LC 屏和 OLED 屏的产品出售。

从现在的发展态势看，有理由相信：3~5 年内，在电视产业中，OLED 屏的显示技术将要开始代替 LC 屏的显示技术，逐渐成为电视屏幕的主流，而 OLED 屏显示技术用的将是氧化物 TFT 电路技术。

三、应该把发展适用于 OLED 屏的氧化物 TFT 电路技术作为一个面向产业发展的科技任务来安排

近 20 年来，围绕氧化物的物理学、化学、材料科学，以及它们在电子学和光电子学等方面的应用，国际上开展了大量的研究工作；氧化物电子学（oxide electronic）在国际国内也逐渐成为一个常用的词。我国也有相当数量的各方面研究工作，已经发表的文章的数量相当可观，应该说我国已经有了一定的学科基础。

考虑到我国平板显示产业的重大需求，如果我们明确以发展大面积氧化物 TFT 电路技术，为我国的 OLED 屏显示技术产业的自主发展提供技术基础作为奋斗目标，结合国内原有较好基础的 OLED 材料和器件技术的力量，以及国内企业界引进平板显示技术的巨大积极性，精心组织物理学、化学、材料科学、材料工艺学和集成电子学的科技力量，大力协同，力求在 3~5 年内掌握有关的科学技术关键，包括在工艺装备的研制上有自主的能力，从而为这场高新产业的竞争中，我国争到一定意义上的主动权。这将是很有意义，也是很值得去努力的。

这场竞争不仅是对 OLED 屏平板显示产业的发展，而且也是为我国在整个氧化物电子学上争到世界上较前沿的位置。适用于 OLED 屏平板显示产业的氧化物 TFT 大面积电路只是整个氧化物电子学中的一部分，估计氧化物电子学在今后的数值电子学、信息存储、光电子学、磁电子学、超导电子学等方面还会有较大的应用前景。从学科本身来说，氧化物材料的物理学、化学、材料科学、工艺科学也有许多有待深入研究的内容，也和一系列当代前沿科学技术相关。所以，从进

一步的产业技术发展以及相关学科发展的角度，这样安排也是很值得的。

四、不能忽视基于 HLP 技术的显示技术的发展

近几年，把网络、摄影、电视等功能都综合在移动通信（手机）上的发展趋势非常引人注目，但也暴露出电子学的巨大进步受限于最后需要一个显示屏作为人机界面的局限性。如果我们考察一下以 iPhone、iPad 这类产品为代表的电子产品的性能、市场和发展过程，就很容易理解这个问题了。

有没有可能基于激光投影显示来解决这个问题？如果发展出一种利用激光投影，用投影出来的虚拟键盘和显像屏作为人机界面，就能把文字处理、网络、通信、摄影、电视等全都综合在可以放在上衣口袋中的手机上！也就是说制造出手机大小的功能比较全的笔记本电脑，这是多么诱人的设想！从半导体激光器技术和微机械技术的发展看，应该说，这种设想是完全可能的，而且也不会是很昂贵的。例如，这样的手机式的投影仪已经在市场上出现了。问题是利用传统的像素到像素的激光扫描投影方式，光的利用效率很低，较大面积投影的亮度不够；再加上激光束由于相干性产生的"闪班"效应，对人眼有损害，为了避免这个损害而采取的措施又进一步降低了光的利用效率。不接外电源工作时间不长，因此上述设想的激光投影显示技术适用范围较窄，难以成为规模化的产业。

与从像素到像素的激光扫描投影原理上不同的另一种激光投影显示方法是 HLP 技术。把图像信息通过数值技术处理，转变成为相位调制型的全息图，照射在上面的激光通过这个衍射光栅，投影成原来的图像。这个想法在 20 世纪 70 年代就提出来了。由于位相全息图的光效率非常高，甚至可达到百分之百，它原则上克服了传统的激光束扫描投影的缺点。HLP 的想法，结合图像信息处理和传输技术的需求，几十年来有了深入的发展。数值全息图的理论和实践都有巨大进步，而且微机械技术、液晶技术等也提供了实时产生位相全息光栅的可能。

最近几年，国际上发展出一种称为杂化的 HLP 技术的概念，把传播来的图像信息通过数值技术处理，将图像的长波部分转变成相位调制的全息图，利用衍射光学的方法来实现投影，这是投影光能的大部分；图像的短波部分则还是通过像素到像素的方式扫描投影，来提供图像的"细节"，它只是投影光能的小部分。这种做法既可以大大提高光能的利用效率，又可以使处理速度达到转播电视图像的要求。围绕这一概念进行的数值模拟研究和实验研究都表明，用这种杂化的 HLP 技术来转播电视图像，确实有可能实现。这种做法可提高光能效率和投影图像亮度，真正实现把文字处理、网络、通信、照相、电视等集中到一个没有屏幕的可以装入上衣口袋的"笔记本电脑"中。而且，现在我们说的还是平面图像（2D 图像），但由于是用全息技术的方案，本身就预示发展到 3D 图像的可能

195

性。看来，这种全新的激光投影技术真正进入市场，恐怕也是"指日可待"的了。我们觉得这无疑是平板显示一个新的发展趋势，将会具有不亚于电视屏的巨大商机。

五、未雨绸缪，组织力量全面掌握杂化的 HLP 技术，力争在激光投影显示技术新的发展中有我国自主的位置

衍射光学和全息光学是现代光学的重要部分，我国在自适应光学技术、图像数据处理和传输技术等学科方面也已经有一定基础；不少单位都有这个研究方向，也发表了不少文章。半导体激光器和微纳米技术，特别是微机械技术在我国也已经有一定基础；也有不少单位有相关的研究方向，且有不少文章。

如果目前抓紧时间，组织国内有关力量，从发展杂化的 HLP 技术的角度，把微纳米技术、半导体紫外和蓝绿红激光技术、衍射光学和计算全息学技术等学科协同发展起来，力争在 3~5 年内我国在这个剧烈竞争的产业中有一定意义上的自主发展位置，这也是很值得去安排的。同样也是很显然的道理，由于这项研究牵涉到当代光学、微纳米技术、半导体激光技术、实时计算技术等前沿学科，这些学科在当代高新技术和国防技术上的重要性也是毫无疑问的，所以从高技术研究和前沿学科研究的角度，这样的安排也是很值得的。

胡总书记，温总理和刘延东国务委员在最近召开的院士大会上号召我们，要从转变我国经济发展方式的高度，努力为国家经济建设和国防建设服务。按照他们的指示，我们就我国平板显示产业面临的非常迫切的科学技术问题提出上述意见，希望得到领导层的关注，安排有关方面，迅速启动，组织力量，以面向我国平板显示产业的发展的重大科学技术的名义，把这两个方面的工作从较高层次的角度集中地发展起来。

（本文选自 2012 年院士建议）

建议专家名单

甘子钊	中国科学院院士
欧阳钟灿	中国科学院院士
金国藩	中国工程院院士
范守善	中国科学院院士
王恩哥	中国科学院院士

在农作物生产中应用纳米技术及推广纳米土墒材料的建议

师昌绪 等

一、前 言

20 世纪 50~60 年代的农业产业革命使世界粮食产量翻番，在粮食大幅度增产的诸多因素中，化肥的贡献占了 40%~60%，相当于良种革命和种植技术革命的总和。但是，化肥过量使用导致的环境问题、食品安全问题和能源消耗问题已日益突出。既要减少化肥的用量，又要带来粮食较大幅度的增产，这是农业生产领域面临的重大挑战。纳米技术作为一种新兴科技已成功应用于许多领域，探索其在农作物生产中的应用，对解决上述问题和挑战具有突出的意义。

二、农用纳米技术研究的现状

纳米技术是 20 世纪 80 年代末 90 年代初诞生，并正在崛起的新兴技术。进入 21 世纪以来，世界各国为了改善土壤与水环境，改善土壤因长期过量使用化肥而带来的作物品质下降、环境污染等问题，正在加快纳米技术在农业领域中的研究和应用。

2003 年 9 月，美国在其发布的农业发展路线图[1]中首次提出要重视纳米技术在农业和食品工业中的应用，并且预言纳米技术将使整个农业生产方式发生革命性的变化。俄罗斯、日本、加拿大、德国等也进行了大量的研究，然而真正运用纳米技术来研制肥料的则较少。

中国农业科学院农业资源与农业区划研究所，由张夫道研究员主持了国家 863 计划课题"纳米肥料关键技术"项目。超级稻一举突破亩产 900 千克大关，良种、良田和良法综合应用，尤其是配合使用了"超级稻专用肥"。据了解，专用肥运用了纳米技术，肥料的利用率高，我国纳米肥料的研究和开发，时间上与世界纳米肥料的研究同步，近几年出现了蓬勃发展的趋势。

三、纳米土墒材料的开发研究及作用机理

纳米土墒材料是以蒙脱土等土质材料为基础，用于农业土壤维持和恢复的新型材料。蒙脱土的几何结构是纳米尺度的结构单元，由一片铝氧八面体夹在两片硅氧四面体之间，片层厚度为1.2纳米左右，长宽约100纳米（图1）。

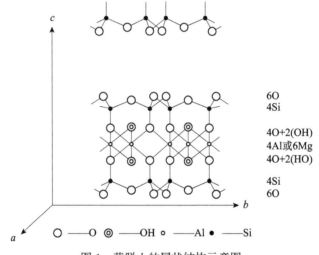

图1　蒙脱土的层状结构示意图

这种结构片层间的阳离子（Na^+、K^+和Ca^{2+}）吸附能力较弱，容易与外界阳离子发生交换。通过纳米插层等技术的处理，使其层间距扩大，从而形成许多孔洞，进一步提高它的吸水、固肥、水肥缓释、改善土壤团粒结构等性能。同时，其纳米尺度的空间，也为合成一些纳米级的微量元素提供了模板。这种材料来源广泛，绿色无污染。利用这些高效、低成本、环境友好的缓释材料，还降低了化肥的使用量，减少化肥流失带来的环境污染、大幅度提高肥料的利用率；使之在粮食增产的前提下，改善农作物品质，最大限度地保护农耕地生态结构，达到节能减排，发展绿色农业的目的。

四、纳米技术在农作物生产中的应用试验调查

我国化肥使用量在总量上和单位面积上都居世界第一。化肥的生产高耗能，给节能减排造成巨大压力，长期单施化肥破坏了土壤中营养的均衡，加快了耕地劣质化，降低农产品的品质，化肥的大量流失又造成了严重的环境污染。

纳米土墒材料曾在沙化、退化的土地中开展了长时间、大面积、跨区域，多气候条件、多土壤类型和多品种施用的野外试验示范，在我国荒漠化治理中试验

和应用并取得突出成效。

2008年以来，我国多个省份使用纳米土壤材料进行了包括粮食、油料、经济、生物质能源原料、水果、蔬菜六大类近30种作物、60余个品种，地跨东西南北，涉及几万亩面积的种植试验示范。实践证明，使用纳米土壤材料，均能在不用或少用化肥的情况下亩增产10%以上。

1. 纳米土壤材料在水稻种植中的试验实例

1）云南农业科学院水稻种植的试验示范。云南省农业科学院于2009~2011年使用纳米土壤材料种植水稻，进行了严格的小区对比试验、施肥梯度试验和考种分析。实验报告[2]表明：施用纳米土壤材料使云南高海拔地区水稻生育期提前，能有效解决该产区的水稻生产实际问题。与使用水稻专用肥的对比试验中，在经济投入基本相同的条件下，增产幅度约为20%。与传统的施肥方法比较，对环境保护及节约能源作用明显。图2左边为常规施肥，右边为施用纳米土壤材料。可以看出明显的分蘖、长势的差异。同时，施用土壤材料的试验块中长满了浮萍。

图2　云南水稻对比试验

2）辽宁水稻种植的试验示范。2010年辽宁省土壤肥料总站在辽宁省多个地区，采用纳米土壤材料，选点30处，试验示范种植水稻约200亩。考察报告[3]显示，在2010年遭受严重水灾的情况下，使用纳米土壤材料可增产0.6%~27.5%。在辽宁省灯塔市，在使用量和经济成本与施用化肥都基本相同的条件下，纳米土壤材料使水稻增产15.4%。2011年，辽宁省土壤肥料总站继续进行了千亩水稻种植示范，随机考察三个点的考察报告显示增产1.9%~22%，且水稻出米率增加0.7%~2.3%。

3）四川达州水稻种植的试验示范。四川达州是典型的丘区农业。经过当地农技部门测产，与同季节同品种对照田比较，使用纳米土壤材料，十几户农户水稻实测平均亩产达到 621.4 千克，较对照平均亩产 482.45 千克增产 28.8%。

2. 纳米土墒材料在花生种植中的示范调查

1）河南南阳花生种植试验。2010 年，当地农业局和花生合作社使用纳米土墒材料进行了 100 余亩的种植试验。同年 9 月，项目组委托中国农业科学院等单位的 9 位专家，对 3 个试验点进行了现场考察。考察报告[4]表明：在每亩投资相等的情况下，施用纳米土墒材料的田块，苗期叶片肥大，茎部粗壮，根瘤菌多，抗病性能强；经测产，春播花生亩增产 124 千克，大于 30%，亩增效益 600 元；夏播花生亩增产 100 千克，大于 35%，亩增效益 500 元。

2）四川成都种植花生的试验示范。成都金堂县农村发展局土肥站和金堂县竹篙片区农业技术服务站的实验报告[5]显示：纳米土墒材料种植的花生亩产均在 350~400 千克，较农户常规种植增产幅度在 100 % 以上，亩新增纯收入近 2000 元。

3）四川达州种植花生的试验示范。2011 年 6 月初，在四川达州地区进行了纳米土墒材料最高用量（150 千克/亩）的花生种植试验示范，前期该试验点的花生长势是当年所有试验示范地中最好的（图3）。达州通川区的测产报告[6]显示，干花生平均亩产 424.7 千克/亩，比常规种植增产 142.7%。

图 3　黑花生对照图

左侧为施用"纳米土墒材料"种植的黑花生，右侧为同品种对照

多地使用纳米土墒材料种植花生的实践证明，在亩施纳米土墒材料 50~150 千克范围内，配施少量化肥，与传统施肥比较，花生增产幅度在 30%~100%，与纳米土墒材料施用量呈正相关。

3. 纳米土墒材料在蓖麻种植中的示范调查

蓖麻是世界十大油料作物之一，是重要的生物质能源作物。

1）内蒙古通辽种植蓖麻的试验示范。2008 年 6 月，内蒙古通辽科左中旗林业局使用纳米土墒材料种植蓖麻，比当地种植时间晚了两个月，仅为当地蓖麻生长期的一半，然而植株高度为 170 厘米以上，主穗长 70 厘米以上，每穗结蓖麻籽 400 粒以上（每亩种植 1350~1500 株）。内蒙古通辽科左中旗林业局出具的报告 [7] 显示，使用纳米材料，蓖麻增产 40% 以上。

2）云南农业科学院的试验示范。云南农业科学院连续四年使用纳米土墒材料种植蓖麻。实验报告 [8] 显示，使用纳米土墒材料，可以使当年生蓖麻品种增产 60.40%~89.28%。2010~2011 年，云南遭遇百年不遇的大旱，在海拔 1800 米的宜良县石漠化严重的山区，蓖麻示范地周围农民种的玉米颗粒无收，但纳米土墒材料种植的蓖麻获得丰收，单季亩产达到 200 千克（云南一般是两季），产值达 1400 元。

4. 纳米土墒材料在退化农耕地生态修复方面的示范调查

在以上试验示范中，还将纳米土墒材料特性与传统改土方法结合，通过多方式、多层次的技术集成对土壤改良进行了探索。

对使用纳米土墒材料前后土壤状况进行取样和测试分析表明：土壤物理环境、化学环境和养分环境上均有显著的改善；试验示范区的土壤明显疏松湿润，田间持水量增加，土墒条件变好，土地保水、蓄肥能力提高，材料在土壤改良方面的应用优势明显。

五、应用预测及建议

1. 应用预测

目前，纳米土墒材料已在农作物生产中进行了多年的、地域广泛的、多层次机构和人员参加的试验示范。结果表明，纳米土墒材料具有广泛的增产效果，同时，施用化肥量减少一半以上，在减少污染、改良土壤、节能减排和改善作物品质等方面具有明显效果。而且纳米土墒材料的使用方法与农户现行使用的农家肥和复合肥基本相同，农户不需特别培训即可掌握使用技术，推广方便。

施用纳米土墒材料，可显著增加亩产，改善农作物品质。若在各地推广施用该材料，扩大种植面积，不但可以提高农民经济收益，稳农富农，而且可以把贫瘠撂荒地修复成可耕地。新增的耕地面积，可缓解我国耕地紧张和城镇化发展用地需求的矛盾，并为我国千亿斤粮食增产计划及粮食安全做出贡献。

纳米土墒材料种植花生，连续几年在各地均大幅度增产，若推广使用，可望缓解我国食用油供应的被动局面。

我国生物质能源植物种植目前并不乐观。与人争粮、与粮争地问题,以及种植作物的投入产出问题,都严重制约我国生物质能源的发展。推广使用纳米土墒材料种植蓖麻和小桐子,有望成为我国生物质能源种植上的重大突破。

2. 相关建议

1)我国现行的有机肥料标准不太适应纳米土墒材料,办理新型肥料证的时间又太长,建议简化办理手续或将现行有机肥料中有机质含量规定为>30%。在有毒有害物质检验标准不变的情况下,让市场和实践说话。

2)建议设立推广应用激励机制,将推广农业新技术、新成果的贡献,纳入各级干部,尤其是粮食主产省、市、县主要领导的考核内容。推广成功的经验,重奖在新技术推广中有突出贡献的人员。

3)建议国家有关部门设立纳米土墒材料在农作物生产中的应用专项,对纳米土墒材料的生产建设和推广应用给予资金上的支持,为即将展开的规模化应用提供坚实的物质基础,以适应纳米土墒材料在更大面积、更多品种、不同环境条件下的应用。

(本文选自 2012 年院士建议)

参考文献

[1] 曹菊.浅谈纳米技术在现代农业中的几点具体应用.中国果菜,2011,(3): 43.

[2] 《正光生物肥料在水稻上的试验总结》,云南省农业科学院经济作物研究所,2009年12月1日.

[3] 《正光有机肥(正光纳米土墒材料)水稻种植对比试验报告》,辽宁省土壤肥料总站,2011年12月15日.

[4] 《正光有机肥(纳米土墒材料)在河南南阳花生生产中应用试验的考察报告》,专家组,2010年9月19日.

[5] 《花生施用正光有机肥田间试验示范总结》,金堂县农村发展局土肥站,2011年9月3日.

[6] 《达州水稻花生试验测产报告》,中国共产党达州市通川区委员会农村工作办公室,2011年9月27日.

[7] 《关于利用正光技术试种蓖麻试验情况报告》,内蒙古通辽科左中旗林业局,2008年9月12日.

[8] 《正光复合生物肥蓖麻种植试验报告》,云南省农业科学院经济作物研究所,2009年4月21日.

建议专家名单

师昌绪	中国科学院院士
	中国工程院院士
李佩成	中国工程院院士

建议我国发展核电必须采取总量控制政策

何祚庥[*]

一、发展核电还需要倾听业外人士的不同意见

2012年7月23日，第572期《中国新闻周刊》刊载了一篇由三位本刊记者采访并整理的长文——《我国核电重启悬念：中长期发展目标业内存分歧》。这一长文相当深入而准确地报道了我国核电业内人士对中国应如何发展核电的多种不尽相同的看法。此后《中国新闻周刊》又刊发一篇《日本：核的不安》的长篇报道，此报道特别介绍了日本政府决定重启核电计划后，激起日本社会各类人士，对这一重启所持的不同看法，以及相应采取的行动。尤其是此文报道了听证会的组织者，在日本"仙台市的能源政策听证会"和"名古屋召开的另一场听证会"上，如何制造虚假民意，从而导致"听证会只好中断"等情况。此文还突出报道了日本在7月16日，即日本的"海之日"，在东京市中心的代代木公园出现的17万人大聚会，目的是"反对重启核电站"。

在我国即将重启核电的呼声中，这些是对政策制定者有重要参考价值的长篇系列报道。但是，这一系列报道也有不足。这一系列报道仅报道了"业内存分歧"，未报道"业内"和"业外"之间的分歧。中国应如何发展核电？这绝不仅仅是"业内人"关注的问题，更重要的还有人数更多的"业外人"，他们也是核电利益相关人士，"对中国应如何发展核电"也有尖锐的不同意见。虽然这些"业外人士"大多是核电领域的"外行"，但"外行人"也不乏重要参考价值的意见。例如，那位去东京采访的记者，可能不是业内专家，但在报道中却反映了在仙台、名古屋的两次"民意"听证会，组织者如何制造虚假民意，以致听证会只好中断。何祚庥院士未能弄清楚这两次听证会开会的准确时间。如果这两次听证会均在7月16日以前进行听证，而且未能真正反映出和"主流意见"有很大差距的民意，这当然会激起7月16日出现的17万人反对重启核电的大集会。

何祚庥院士不是核电专家，却是一位和核电发展有许多历史渊源的业外人士。为进一步讨论这一重大问题，何祚庥院士表达了自己对中国应如何发展核电

---

* 何祚庥，中国科学院院士，中国科学院理论物理研究所。本文系在何祚庥院士提出的建议的基础上修改而成。

的看法。

二、中国核电必须采取控制总量发展政策

何祚庥院士的意见是，中国必须在一定历史时期内采取总量控制政策，控制核电发展速度，避免出现核电发展的"大跃进"，也就是要制定核电发展的"天花板"。

这一"天花板"有多高？据何祚庥院士所做的概率分析，中国应在一个相当长时间内，保持已建、在建核电站的总数不变。更具体一些，保持已经国务院正式批准的"已建 + 在建"的 41 座核电站的总数不变。凡未经正式批准的核电站，在控制期内，一律不得上马。也就是今后中国在相当长的一个时期内，不再审批一切新建、拟建的核电站，包括拟在内陆地区大量建造的 AP1000 型核电站。中国应在"一个相当长的时间"内，对所有已建、在建核电站，经过长期运行的考察或有核安全技术的重大突破，确保其不发生重大核事故后[①]，才能重新启动新建、拟建中的核电站，理由如下。

1）最近何祚庥院士写了一篇文章《中国有可能也会爆发一次重大核事故吗？》。此文用"经验概率论"的方法，从"世界运行核电站一览表"给出一份按所计算的"堆年"表示出的"大事故率"的统计，其结果见表 1。

表 1

已运行 ＼ 国别	美国	法国	日本	俄罗斯 +乌克兰	韩国	印度	英国	加拿大	德国	中国（包括台湾省）	全世界
核电总数	104	58	55	32+15=47	21	20	19	18	17	15+4=19	443
到 2012 年 6 月积累运行的堆年	3354	1519	1497	883+341=1174	—	—	—	—	—	≪100*	1.4767万
出大事故时运行的堆年	267	未出	1442	147+15=162	未出	未出	未出	未出	未出	未出	—
各主要核电国家采取政策是否"重启"？重启多少核电站	重启2～4座	在争论中	已关闭！已决定"重启"一、二座核电站	未定！俄、乌均有大量天然气，预计不会大发展	在争议中	在争议中	可能要以新换旧	—	预定在2022年全停	正在大发展，预定2015年在大陆共建成41座。可能到2020年再加30座。据报道，台湾将逐步关闭现有4座核电站	—

* 未将台湾地区核电运行堆年统计在内。

---

① 指 5 级以上重大核事故，希望完全避免核事故是不可能的，也是欺人之谈。

此文还着重分析和估算了中国在两种情况下最可几地出现重大核事故的概率：①中国在 2015 年建成 41 座核电站后，出现重大核事故的最可几概率；②中国到 2020 年建成 71 座核电站（包括 AP1000 型核电站）后，最可几地出现重大核事故的概率。

对于情况②，何祚庥院士用实验概率论的方法进行了理论计算。中国在全部建成 71 座核电站后的 20 年，也就是将在 2040 ± 4.5 年[①]，最可几地出一次重大核事故。而中国核电站运行的全寿期一般规定或设计为 40 年。如果中国在 2020 年前建成 71 座核电站，建成后将持续运行 40 年。而按照何祚庥院士测算，在建成后的 20 年左右，也就是运行年数仅为"半数"，将最可几地出重大核事故。这是绝对必须避免的前景！解决这一问题的最好办法，是必须实行总量控制。即中国核电发展水平绝对不能让同时正在运行的核电站总量达到 71 座。

对于情况①，中国在全部建成 41 座核电站后的 35 年，也就是将在公元 2050 ± 6 年，最可几地出现一次重大核事故，其实也有总量控制问题。

按照情况①所做的计算，中国将在全部建成 41 座核电站后的 35 年前后，最可几地出现一次重大核事故。由于 35 年仍低于核电站的 40 年全寿期，对于这一发展前景原则上也应实行总量控制，减少"已建 + 在建"的总的核电数量。而如果确实要将核电站出事故的最可几年限控制到建成的 40 年后，就需要将核电站总量由 41 座下降到 1442 ÷ 40 = 38 座。由于 38 座和 41 座的差额是 3，而且 40−35 = 5 年，也就这些数字相差不大。而如果人们采取严格管理补充设计等不断改进的措施，也有可能将这一最可几的概率的"估算"，从 35 年延伸到大于 40 年。在国际上已有的范例是法国，已运行了 1519 堆年（日本发生福岛事故时，共运行 1442 堆年），但并未出重大核事故。显然，这是通过"努力"可以实现的期望值，应积极争取。

2）当然，这里建议的总量控制的数额，是否即是最佳选择，是一个可争议的问题。而如果要从已批准的 41 座核电站中减少 3~5 座，就必然在核电界内部引起极大争议，而且也难以裁决。如果要在已批准的 41 座核电站以外，再增加若干座新建、拟建的核电站，这在如何选择的问题上，也将引起极大争议，而且也难以裁决。所以，不如"一刀切"，也就是在今后相当长一段时期内，将中国正在运行的核电站限定为 41 座，而且每座核电站的运行时间不得超过 40 年。退役的缺额可以递补，但运行总数不得超过 41 座。这是简单易行、可操作、易操作的"天花板"。

3）也许有人认为这一"限额"，对更为"安全"一些的新技术 AP1000 型核

---

① 这里采用了通常处理统计误差的方法，涨落等于 $\sqrt{20} = 4.5$ 来估计最可几概率的误差，但由于被统计中的核电站在今后发展的岁月中，其安全率有时间顺序上的差别和关联性，因为核电的管理者会采取措施不断改进，所以很可能这一涨落的年限要向 2040 年后偏移。

电站不公。其实，按照《中国新闻周刊》第 572 期所提供的数据：在中国在建的 26 座核电站中，已"有 4 座采用了非能动系统"，也就是 AP1000 型核电站。AP1000 型核电站是世界上还没有任何运行堆年纪录的新型核电站。全世界也只有中国正在建造 4 座之多的 AP1000 型核电站。应该说，中国已尽到了鼓励新技术出现的责任。完全有理由在经历一段堆年的试运行后，才有根据对 AP1000 是否安全的性能做出科学判断，从而为中国和全世界是否应大干快上 AP1000 型核电站提供科学依据。

国务院研究室副司长范必撰文指出："按照国际惯例，不论是传统的能动型还是非能动型机组，都无法进行实况下的破坏性试验。'即便 AP1000 运行若干年，对验证非能动的安全系统也没有实质意义。'"这也就是无法在短期运行的堆年中判断 AP1000 型是否足够安全。然而，对力求飞跃发展的中国来说，在未能"判断 AP1000 是否足够安全"的结论做出以前，就要决策在内陆地区大干快上 30 座 AP1000 型核电站，这太危险了。

4)《中国新闻周刊》报道说："在今年中国核能可持续发展论坛上，中国核工业集团公司副总经理吕华祥说，核电市场中堆型的选择不能过于单一化。他主张，'只要是符合核安全标准、具有一定竞争性、成熟或经过验证的机型，都应该能够平等参与核电市场竞争'。"何祚庥院士认为，在核电市场上，这才是真正的公平竞争。而如果认为这一意见有理，中国核电决策者就没有理由"先验"地判定 AP1000 型"已是"最安全的技术。因为实践，亦即运行堆年的实践，才是检验核电是否安全、核电安全率的唯一标准。

5)为什么何祚庥院士坚决主张，中国发展核电必须采取总量控制政策？这里还有一个十分明显的理由。

在何祚庥院士的"经验概率论"的统计分析中，还统计了三喱岛出事故时一共有 52 座核电站，出事故的时间是 267 堆年，亦即平均仅运行了 267÷52=5.1 年就出现重大核事故。而切尔诺贝利核电站出事故时，是 162 堆年，当时共有 47 座核电站，亦即平均运行了 167÷47=3.6 年就出现重大核事故。

如果追问一下，为什么核电技术发明者的苏联和美国，均在核电建设的早期，亦即 3~5 年就出现重大核事故？当然只能首先归咎于当时的核电决策者，对核电所固有的风险性认识不足，因而在决策上出现严重失误。很显然，从现在的认识来看，核电是一种高风险甚至是有极高风险的行业，在未能判明核电运行是否足够安全的情形下立即大干快上，是十分危险的一种举动。当然，在那一时期，人们缺乏核电是高风险行业的认识，再加上美国和苏联都要在核电竞赛中谋取技术上、政治经济上的优势，所以美国和苏联就相继出现重大核事故。

而如果后发者中国没有从美国和苏联的决策失误中汲取有益教训，坚决要大干快上未经任何堆年考验、尚不知其真实风险率为多少、未能判明是否足够安全的"所谓"更"安全"的 AP1000 型核电站，那就只能是"盲人骑瞎马，夜半临深池"。

三、一个重大并有争议的学术问题，何谓核安全？如何评估、估算核安全？是"经验概率论"正确，还是核电设计中的"理论概率论"更正确？

1）核电工作者在设计中，对核电安全问题应当是作为首要问题来考虑的。在所有的核电站设计中，都计算过安全系数，而且必须确保出现各类事故的概率至少必须小于万分之一。例如，在现有已运行 14 767 堆年的 443 座核电站中，所采用的均是"第二代"核电技术，其安全系数均设计为 $< 10^{-4}$，即必须小于万分之一，做到"万无一失"。现在国际上要求的标准已提高到十万分之一，即 $< 10^{-5}$；某些核电专家提倡的第三代核电技术 AP1000，已宣称可做到百万分之一，即 $< 10^{-6}$，其堆芯熔化率已做到 5.08×10^{-7}。

部分人坚持要大干快上"第三代"，即 AP1000 型核电技术，理由是"第三代"核电远比"第二代"核电更安全。

2）但何祚庥院士认为，此类堆年的"计算"，只能是仅供"参考"，缺乏严密的科学依据。

实践才是检验科学理论是否正确的唯一标准。"理论"上可以"算出"很多数据，但只有经过实践考验后，才能判断这些"计算"是否正确。对于核电站的种种设计，其"计算"出的安全系数，只有经过堆年考验后，才能判断这些计算是正确，还是错误，甚至是重大错误。

举例来说，"第二代"核电站也计算过堆芯熔化率，而且其堆芯熔化率往往 $< 5 \times 10^{-5}$。实际上，已运行的 14 767 堆年的 44 座"第二代"核电站中，出现 23 起堆芯熔化事故。也就是出现堆芯熔化事故的事故率是 14 767 ÷ 23=624 堆年/次。而按设计要求，应是 $> 2 \times 10^4$ 堆年才出现 1 次堆芯熔化事故；也就是真实出事故的概率是"理论"概率的 2×10^4 ÷ 624=32 倍！这只能认为"理论"和"实验"严重不符，是"失败"的理论计算。

也许有人认为这里的"批评"不公正。因为在 23 起堆芯熔化事故中，有 17 起事故是人为因素导致堆芯熔液化，而人为因素不可估算。其实，即便扣除人为事故，易算出技术事故造成堆芯熔化率是 14 767 ÷ 6=2461 堆年/次，这一数值仍比理论设计值大出 2×10^4 ÷ 2461=8.1 倍！"实验"值比"理论"值大一个数量级。

现在面临的问题是，新设计中的 AP1000 型核电站，其理论计算的堆芯熔化率虽然可以"缩小"到只有 5.08×10^{-7}，而所做计算仍沿用过去的计算方法。那么这一计算可靠吗？有多大置信度？

更重要的问题是，人为因素才是实际造成堆芯熔化事故的主要因素，约占全部堆芯熔化事故的 17÷23=74%。何祚庥院士不清楚，在新设计的 AP1000 型熔化率的计算中，是否也把"人为因素"考虑在内？又怎样科学地做出计算？一切科学而正确的理论计算，必须有广泛的适用性。必须既能解释历史上出现过的事实，又能"预见"未来可能出现的"事实"。不能理解的是，将如何"证明"据以计算的"理论概率论"，能解释已出现的实际的堆芯熔化率。

3）当然，"经验概率论"也有它的局限性。其适用的前提是，所统计的"样本"必须在安全性能上、在时间持续上有继承性。如果设计中的未来核电站，是某种"全新"的核电站，其设计原理、设计思想是全新的原理或思想，在新型核电站和传统核电站之间没有任何继承性，也就是传统核电站积累的某些"经验"，将完全不能移用于新型核电站。那么，这里介绍的"经验概率论"的估算，能否"外推"到"被"称为新型的"第三代"AP1000 型核电站？其实，所谓更安全的 AP1000 型核电站，其区别只不过将"第二代"的能动的安全系统改为非能动的安全系统；在其他设计上，都是沿用过去的"被"认为是成熟的技术，其估算事故率的理论方法，也完全是"过去理论"的移用。

四、结　　论

1）立即停止核电"大跃进"。中国的大型核电站，完全可以在"已建、在建"的 41 座核电站基础上，停止并冷静地观察一段时期，再做出决策。

2）在近期的发展方向上，赞成将核能转向应用于大型海洋船舶和大型作战舰艇。这是当代军事技术的需要，也是节约石油，保证石油安全的需要。

转向船舶动力的优点是，所需天然铀资源仅为建造大型核电站的 1/10、1/20。即使石油通道"被"切断，中国已拥有的天然铀资源，也完全可保证应对一次世界性战争。估计未来的世界性战争，很可能首先是海洋上的防御性战争。

3）赞成研发小型核供热堆或小型核热电两用供热堆，解决迫切需要解决的城市建筑节能问题。这类小型热中子堆的安全性能，要比大量核电站安全得多，出了事故处理起来也容易得多。当然，首先应在东北，在哈尔滨等"超冷"又有充沛水源地区试点推广使用这一新技术。

4）在研发工作上，赞成大力转向钍、铀循环的研发。包括用"ADS+ 钍铀燃料 + 重金属合金或熔盐冷却 + 慢化 + 钍燃料小球"的体系，大量生产铀233；用钍铀循环为高温气冷的燃料，或其他能做到核燃料接近增殖的热中子堆。钍、铀循环的分离、后处理等。

5）不赞成用"地质储存库"来储存核废料，世界上没有哪一位专家、学者敢保证 10 万年内不致泄漏！欧阳自远院士告诉何祚庥院士，不会有任何一位地质学家敢保证这种地质储存库可安全储存 100 年！

6）为将来使用核能，赞成中国应大力推行能源储备政策，首先是大力收购、储备天然铀、天然钍。应该动用庞大外汇储备到国际市场上购买这些能源。

7）中国还应大力发展各类清洁能源，弥补设置核能"天花板"的缺失。

（本文选自 2012 年院士建议）

关于建立国家生物固氮工程技术研究中心、推进我国绿色农业发展的建议

陈文新 等

　　我国成功地用占世界 9% 的耕地养活了世界 21% 的人口，并使人民的生活水平越过温饱线总体上达到小康水平，这是人类历史上一个了不起的成就。但是由于多年来在农业生产中存在过分依赖化肥、因抗重茬及病虫害而重施农药等问题，已经对环境和食品安全造成较严重的负面影响。2012 年 6 月 11 日，胡锦涛主席在两院院士大会上提出"推进农业现代化，推动农业发展方式转变，发展高产、优质、高效、绿色农业"的要求，这也正是陈文新等农、牧业研究领域的院士及科技工作者多年来的追求。为了达到这样的要求，作物育种、合理施肥及建立和推广可持续发展种植制度都是要努力的方向。在施肥方面，有一项尚未被我国足够重视的措施，就是充分利用自然界存在的生物固氮作用，尤其是豆科植物与根瘤菌的共生固氮作用来保持和恢复土壤肥力，保护环境，提高作物品质。在调整农业生产的产业结构方面，发展豆科作物和其他作物的间作（包括牧草混播）、轮作，由过去粮食与经济作物的二元结构向粮食作物、经济作物、饲料作物的三元结构转变，是未来农业可持续发展的重要方向。豆科 – 禾本科间、套、轮作种植制度的建立和推广将有力推动高产、优质、高效、绿色农业生产的实现，而为了提高高蛋白豆科作物生产的水平，大力加强根瘤菌基础、应用和产业化工程技术研究对促进这一新兴生物产业发展具有十分重大的意义。因此，成立国家生物固氮工程技术研究中心并在全国范围开发生物固氮资源将是一个非常必要的措施。

一、建立国家生物固氮工程技术研究中心的必要性

1. 根瘤菌 – 豆科植物共生固氮体系具有显著的环境效益和巨大的经济价值，对推动新型农牧业种植体系建立和生态高质现代农业建设具有重要现实意义

　　固氮菌中的根瘤菌可以与豆科植物形成根瘤，将大气中的氮固定成氨，直接

211

提供豆科植物的氮素营养。据联合国粮食及农业组织估算，每年全球生物固氮总量约为 2 亿吨纯氮，高于世界化学氮肥总产量。豆科植物与根瘤菌共生体的固氮量约占其中的 65%，是固氮能力最强的体系，且可溶解铁、磷、钙、镁等矿物质。豆科植物所固定的氮可以提供该植物本身所需氮素营养的 50%~100%。而且，豆科与禾本科及其他作物实行间、套、轮作时，豆科植物可以为其他作物和后茬作物提供所需氮素的 30%~60%；另外，禾本科也可为豆科解除"氮阻遏"（即环境中存在一定量的化合态氮时，固氮细菌停止固氮的现象），促进豆科结瘤固氮，使两种作物双双高产。例如，中国农业大学根瘤菌研究中心对河北大豆育种分中心选育的高油、高蛋白大豆品种用筛选的高效根瘤菌接种，在河北、河南、山东进行了田间小区实验，在完全不施化肥的情况下，增产10.0%~35.6%，且产量明显高于每公顷追施尿素 150 千克处理后的产量；更重要的是收获后土壤中存留的氮、磷含量比不接种的土壤明显增加，有力地证明了根瘤菌 – 豆科植物共生体既可固氮，又可溶磷。他们用优选的根瘤菌接种苜蓿，在北京和内蒙古田间小区进行实验，接种根瘤菌的苜蓿增产 36.4%~87.2%；与无芒雀麦间作时，两种作物互惠，间作比单作增产效果更高。云南农业大学朱有勇及中国农业大学李隆等进行的蚕豆与小麦或玉米间作，在使用等量氮肥情况下，两种作物产量均明显高于单作，并降低病虫危害，这都是根瘤菌 – 豆科植物共生体与禾本科作物相互促进的结果。

我国广泛种植的豆科植物种类繁多：农作物有大豆、花生、菜豆、豌豆、蚕豆；牧草有苜蓿、三叶草、草木樨、斜茎黄芪；绿肥作物有紫云英、苕子；中草药有甘草、黄芪、苦参；防风固沙植物有骆驼刺、锦鸡儿等。这些规模种植的豆科植物在播种时，接种高效优质的相关根瘤菌，并与禾本科植物进行间（混、套、轮）作，可充分发挥豆科与根瘤菌高效固氮的能力，建立起可持续发展的新型农牧业种植体系。在农田中，可以在不改变播种面积、不施或少施氮肥的条件下保证高产，并生产出优质绿色食品；在草场改良中可以通过豆禾混播提高牧草的产量和质量（蛋白质含量），保障畜牧业的绿色健康发展，提升我国肉蛋奶类的产量和品质，保障人民的合理营养需求；且均能降低生产成本，增加农、牧民收入。此外，种植豆科植物可以控制土壤沙化和修复受污染的土壤或矿区。化肥用量的减少，可降低能源消耗、温室气体排放和面源污染，从而有效保护环境。美国、巴西、阿根廷及澳大利亚等国家均采用立法的形式，要求市售的大豆、苜蓿及其他一些牧草的种子必须接种相应的根瘤菌。这一措施，已经大大降低了氮素化肥的使用量。巴西每年因为接种根瘤菌而节省的氮肥价值超过 25 亿美元，并且提高了作物品质和产量。

2. 中国根瘤菌研究与应用基础比较扎实，但一些关键技术尚未突破，已严重制约根瘤菌与豆科植物共生固氮体系在我国现代农牧种植业中的广泛应用

我国根瘤菌的研究起步于 20 世纪 40 年代，其快速发展始于 20 世纪 70 年代末，中国科学院、中国农业科学院及一些大学对根瘤菌做了不少研究。其中，以陈文新领导的中国农业大学根瘤菌研究中心较为突出，其主要研究成果有：

1）分离保藏了采自包括台湾在内的全国所有省份的 17 000 多株根瘤菌，建成了中国独有、数量居国际首位的根瘤菌种质资源库。

2）采用现代细菌分类技术及数据处理程序，对 7000 多株根瘤菌进行了分析，发现根瘤菌新属两个、新种 40 余个，极大地丰富了国际对根瘤菌多样性和系统发育关系的认识。

3）在国际上率先对根瘤菌生物地理学进行研究，发现根瘤菌有明显的生物地理分布特征，首创性地提出豆科植物共生多样性取决于根瘤菌 – 豆科植物 – 环境因素三者相互作用的理论。

4）通过比较基因组学与进化学研究，证明了根瘤菌中参与共生的基因整体上与其核心基因的系统发育关系一致，修正了国际上对于共生基因不能反映根瘤菌物种进化的认识。

5）揭示了根瘤菌种内不同菌株与作物品种共生有效性的显著差异，说明了筛选高效菌株时必须注意地理区域、作物品种和根瘤菌菌株的匹配性。

6）田间实验证明，大豆、苜蓿等接种高效根瘤菌，可以完全不施化肥而保持高产，且豆科 – 禾本科间作、混播可提高豆类的固氮能力，并促进豆、禾双高产。

7）30 年来，培养硕士、博士研究生近百名，大多已成为我国各个地区该领域的研究骨干力量。

这些成果不仅为研究根瘤菌与豆科植物共生互作的分子机制及环境适应机制拓展了思路，也对根瘤菌接种剂的应用具有指导意义，且准备了充足的种质资源。

尽管我国根瘤菌研究已有长足进步，某些基础研究领域也达到国际领先和独创水平，但根瘤菌接种剂的应用及相关技术研究还很不够，制约了根瘤菌与豆科植物共生固氮体系在我国农牧种植业中的应用，这方面明显落后于美国、巴西等重要农牧业产品输出国。近年来，我国豆科作物的育种工作有很大发展，但种植面积有所减少，这一现象亟待改善。同时，牧草种植的呼声很高，很多豆科中草药也从野生改为大面积栽种。因此，豆科种植和根瘤菌接种在新型的三元种植结构发展中有着广阔空间，根瘤菌接种剂的筛选及应用相关技术研究应当迅速跟上形势的需要。

二、建立国家生物固氮工程技术研究中心的必要性

根据对国内外农牧业生产现状和未来发展方向的了解，陈文新等院士认为扩大豆科－禾本科间、套、轮作是发展高产、优质、高效、绿色农业的重要途径；而高效根瘤菌接种豆科植物是推广这种农牧业生产体系的必要技术措施，从而在农牧种植业中减少化肥用量，提高土壤肥力，保护环境和食品安全，并保障可持续发展。根据美国、澳大利亚等国家近百年的经验，在根瘤菌应用过程中，曾出现各种技术问题，必须有固定的科研机构为之保驾护航。据此，建议成立国家生物固氮工程技术研究中心，以促进豆科植物－根瘤菌共生体及其他固氮生物在我国绿色农牧业中的高效应用。

三、国家生物固氮工程技术研究中心建成后的工作目标和任务

1. 工作目标

在绿色农业体系中，推动生物固氮应用的试验示范；推动生物固氮在规模化草业发展中的应用，为优质肉蛋奶的生产提供饲料保障；在保障粮食安全的前提下，推动生物固氮在农区豆科－禾本科间、套、轮作中的应用，大幅度降低氮肥用量与病虫危害。

2. 具体任务

1）完善并向社会开放根瘤菌资源库及数据库，确保根瘤菌资源在全国的使用。

2）与生产厂商对接，针对我国农林牧业、中草药、环境修复、水土保持、防风固沙等领域种植的豆科植物，筛选适应不同生态区域的高效根瘤菌株，生产优质高效根瘤菌接种剂。

3）针对根瘤菌剂生产应用过程中的问题，进行应用基础研究和技术攻关。

4）培养根瘤菌研究的高层次人才，对各地有关科技推广应用人员进行针对性培训。

5）继续深入开展创新型基础研究，如根瘤菌遗传、进化机制等。

四、对国家生物固氮工程技术研究中心建设方案的建议

根据国内相关单位的研究现状，建议国家级中心可以中国农业大学根瘤菌研究中心为基础建立。该中心现有中国科学院资深院士 1 名，教授 5 人，副教授 5

人，讲师 1 人，工程师 1 人，在读硕士、博士研究生 40 余名。研究方向涉及根瘤菌、牧草、农牧业废弃物循环利用等，并正在全国很多省市开展相应的实际应用，已经收到很好效果。目前该中心的主要经费来源为国家自然科学基金，缺少稳定的应用研究经费支持，根瘤菌应用研究发展较慢。如能升级，获得国家稳定的资金支持，建立相对稳定的根瘤菌应用研究团队，将有利于在全国范围内推广根瘤菌接种等技术，为绿色、健康的农牧业生产提供高效根瘤菌种质资源，并从技术上保证接种剂的生产质量和高效使用。

（本文选自 2012 年院士建议）

建议专家名单

陈文新	中国科学院院士	中国农业大学
戴景瑞	中国工程院院士	中国农业大学国家玉米改良中心
方荣祥	中国科学院院士	中国科学院微生物研究所
盖钧镒	中国工程院院士	南京农业大学国家大豆改良中心
李 宁	中国工程院院士	中国农业大学生物技术国家重点实验室
任继周	中国工程院院士	甘肃省草原生态研究所
汪懋华	中国工程院院士	中国农业大学
赵其国	中国科学院院士	中国科学院南京土壤研究所
朱有勇	中国工程院院士	云南农业大学
朱兆良	中国科学院院士	中国科学院南京土壤研究所